中国水土保持基础空间管理单元理论与方法

罗志东　齐　实　刘二佳　著

黄河水利出版社

·郑　州·

内 容 提 要

本书在全面、系统梳理现有水土保持业务应用与管理需求的基础上，基于土壤侵蚀学、水土保持学、自然地理学、景观生态学等基础理论，研究提出满足水土保持工作需要的基础空间管理单元概念，分析论证其理论基础、概念内涵、表征特性及基本原理，提出了一套符合自有特色的基础空间管理单元实践方法体系，为土壤侵蚀监测评价—水土流失综合治理—预防监督等基础数据单元的一体化应用与管理提供技术支撑。本书可供水土保持生态环境建设的行政管理、技术管理以及科研教育等方面的人员参阅、借鉴。

图书在版编目(CIP)数据

中国水土保持基础空间管理单元理论与方法/罗志东等著.—郑州:黄河水利出版社,2019.11

ISBN 978-7-5509-1787-3

Ⅰ.①中… Ⅱ.①罗… Ⅲ.①水土保持-研究-中国 Ⅳ.①S157

中国版本图书馆 CIP 数据核字(2019)第 273045 号

策划编辑:岳晓娟　电话:0371-66020903　E-mail:2250150882@qq.com

出 版 社:黄河水利出版社　网址:www.yrcp.com

地址:河南省郑州市顺河路黄委会综合楼 14 层　邮政编码:450003

发行单位:黄河水利出版社

发行部电话:0371-66026940、66020550、66028024、66022620(传真)

E-mail:hhslcbs@126.com

承印单位:河南瑞之光印刷股份有限公司

开本:787 mm×1 092 mm　1/16

印张:10

字数:231 千字　印数:1—1 000

版次:2019 年 11 月第 1 版　印次:2019 年 11 月第 1 次印刷

定价:88.00 元

序 一

很高兴能为水土保持事业的年轻一代成长助力。该书的主要思路本人在 2015 年的时候曾看过，当时我还担任《中国水土保持科学》杂志主编，作者投来一篇论文《我国水土保持基础管理单元“水保斑”的认识与探索》，我看到后觉得这是一个在原来经验基础上，结合新时期技术发展和管理要求的一个新思路，有很好的创新性，并提供了一些我原来撰写的、与这个题目有关系的论文为其做分析参考，后来这篇论文发表于 2015 年第 8 期。再一次看到此书，已经是 4 年后的事情了，没想到作者竟把这个小论文方向作为课题进行了系统深入的研究，并形成了约达 20 万字的书稿，着实令我意外。

20 世纪 80 年代，我们首次将计算机信息管理技术与遥感技术应用于中国山区小流域水土流失调查和水土保持规划，20 世纪 90 年代开展的“北京山区荒溪分类与危险区制图技术的研究”，就是基于“图斑”单元这个理念和思路开展的。作者提出的“基础空间管理单元——水保斑”，是水土保持事业发展到新阶段，从行业管理需求角度提出的新思路和方法。本书在全面掌握该领域研究进展的基础上，通过综合多门学科理论，从理论和方法及其两者的融合上对建立我国水土保持基础空间管理单元作了较为系统而深入的研究，不仅在理论层面进行了全面分析，还选择 6 个水土保持一级类型区进行了实践，探索了划分指标、建立方法，并提出了更新方法和应用，逻辑思路较为清晰、全面。书中所述成果对于解决当前水土保持行业管理中存在的微观尺度管理缺失、深化发展水土保持空间管理理论等方面具有重要的理论和现实意义，对推进水土保持工作科学化、精细化管理具有重要实践指导意义。

很高兴看到新一代的水土保持青年人员能够深入思考并如此坚定地做好一件事情，很愿意为年轻人的研究成果做序，希望本书研究成果能够为水土保持行业管理实践和相关研究提供有益的借鉴，也希望作者再接再励，不断取得更新、更好的成绩。

北京林业大学教授、博士生导师
水土保持与荒漠化防治学家 王礼先

2019 年 9 月

序 二

土壤侵蚀（水蚀）是在降雨和径流作用下水土沿坡面—沟道—沟（河）口等地形部位，发生产流、侵蚀、产沙、汇流、输移、沉积等一系列的地表水土过程。这些过程同时受到地形、土壤异质性和植被覆盖差异性等空间特征的影响。地表空间的生物地学特征直接影响着土壤侵蚀的各个要素，将这一空间特征进行定位表征，并进行动态变化监测与研究，不仅有助于对土壤侵蚀发生发展过程的深入认识，更有助于水土保持措施的合理配置和实施。所以，在研究土壤侵蚀与水土保持空间分布特征与规律时，往往采用地学工作者常用的方法，依据研究对象的特性将地表划分成同层次、不同类型的研究单元。许多研究和实践表明，这已经成为实现土壤侵蚀及水土保持精细高效管理的重要基础工作。20 世纪 80 年代开始，有学者基于土地类型研究与制图的技术与成果，在黄土高原利用航空遥感影像进行土壤侵蚀评价制图的相关研究，在小流域尺度土壤侵蚀与水土保持评价与制图方面取得了比较成功的经验。进入 21 世纪以后，随着地理信息、遥感技术的广泛应用，国家重点基础研究发展计划（973）项目《中国主要水蚀区土壤侵蚀过程与调控研究》采用水文水资源和 DEM 数据，参考我国水资源分区方案，应用 ArcGIS 水文分析模块，划分了全国水土流失评价单元，编制了全国水土流失评价单元图。

本书作者提出的“基础空间管理单元——水保斑”就属于这个领域的最新研究成果。作者依据长期的研究成果和实际需要，将土壤侵蚀“斑块单元”单独作为一个课题进行系统研究，并进一步结合行业管理需要，从理论依据和实现方法进行了深入的探讨。特别针对管理实践中存在监测评价单元不统一的问题为水土保持管理和实践中存在的一些问题给出了一种很好的解决方案，具有很强的针对性、指导性和实用性。相信本书介绍的研究成果将为推动水土保持信息化进程，为建立完善的水土保持基础数据库，统一水土保持各项管理活动，深入开展水土保持大数据决策分析等工作提供有益的基础。

作为水土保持科技领域的一名老兵，看到年轻一代能够奋力进取、勇于创新，感到非常欣慰。也衷心希望作者的研究成果能够更好地服务于水土保持大数据建设，在水土保持信息化实践中发挥更大的作用。

世界水土保持学会主席

中国科学院水利部水土保持研究所原所长/研究员 李锐

2019 年 9 月

前 言

本书研究的核心是“基础空间管理单元”,从水土保持业务来看,这是一个很小的话题,或者我的一位领导形象地说这是一个关于“细胞核”的问题,首先为什么要研究这个事情,这个是怎么来的,问题源于实践。随着水土保持事业发展越来越深入,新技术应用也越来越先进,水土保持管理水平也越来越精细,水土保持工作不仅要从数字和文字上说清楚水土流失状况怎么样、分布在哪、哪些能治理、治理了多少,还要在空间管理角度上落实到图上、落实到具体地表图斑上。这个过程中出现了原来没有的新问题:同一区域国家层面和地方层面做的不一致、水土流失图斑与对应治理措施图斑不一致、不同时期动态变化没有本底图斑且图斑不一致,这些问题会产生上下级之间、监测与治理等横向业务之间、不同时期动态变化之间的无法协同,很多时候相应之间的差异很难说清对与错、误差与实际变化的关系。

随着对这些问题的深入思考,借鉴相关行业管理经验,逐渐提出了建立全国统一的水土保持斑块单元的想法。2014 年水利部水土保持监测中心组织与中国水科院牧科所开展青年创新论坛,将本想法在论坛上进行了交流,得到一些领导和专家的认可,并写成一篇科技论文——《我国水土保持基础管理单元“水保斑”的认识与探索》,投稿到《中国水土保持科学》。当时《中国水土保持科学》主编——北京林业大学王礼先教授给我回复了邮件,提供了一些他当年的研究文献供我参考,修改后发表在 2015 年第 8 期,这给我进一步深入开展相关研究提供了极大的自信。2015 年水利部综合事业局拔尖人才计划项目对本研究进行了资助,最终形成了本书相关研究成果。

本书主要围绕“基础空间管理单元”这一核心主题来展开。第 1 章主要回答为什么要研究“基础空间管理单元”、相关领域或行业研究与实践现状是什么,为我们提供哪些参考。第 2 章主要回答怎么来研究“基础空间管理单元”,从总体上介绍了研究内容、方法与技术路线等。第 3 章主要回答什么是“基础空间管理单元”,从理论角度上系统提出了相应的理论基础、概念内涵、表征特性等。第 4~5 章主要回答怎么来建立“基础空间管理单元”,其中第 4 章主要回答要用哪些指标来划分建立,相应指标如何采用快速精确的手段来获取;第 5 章回答基于相应指标,采用什么方法来最终建立该单元,在全国不同水土保持类型区建立的结果怎么样,精度如何。第 6 章主要回答单元建立好之后,后续如何进行更新来不断满足长期工作的需要。第 7 章主要回答单元建立好之后,在哪些方面应用,怎么发挥作用。第 8 章简单地对相关内容作了总结,并提出了该单元全面建设的实施途径建议。

本书的相关研究与编写过程自 2015~2019 年,历时 4 年多,是在不断得到有关专家、领导、同事和朋友的鼓励、启发、指导、支持下完成的,参与本研究的还有刘二佳、赵欣、曾红娟、康芮、周小清、李智勇、姚占军、苏慧敏等。感谢北京林业大学王礼先教授给予的鼓励和支持,感谢水利部水土保持监测中心姜德文副主任在课题研究过程中给予的指导和肯定，感谢北京林业大学齐实教授在编写过程中给予的指导，感谢中科院水土保持研究所李锐研究员给予的指导和其相关研究成果的贡献。感谢在本研究过程各个环节给予帮助和指导的张洪江、史明昌等专家以及很多水土保持行业的有关人士。感谢工作单位水利部水土保持监测中心的领导和同事给予的大力支持和关照，感谢水利部综合事业局拔尖人才项目、高分重大专项“高分辨率对地观测系统重大专项——高分遥感水土保持监测与评价研究示范”的支持。

本书研究内容希望对相关行业管理和科学研究提供一些解决思路借鉴，同时研究中还存在诸多不足之处，请读者提出批评指正意见。

罗志东

2019 年 7 月

目 录

第1章 研究背景综述

1.1 问题的提出

土壤侵蚀是重要的全球性环境问题。中国是世界上土壤侵蚀最严重的国家之一,侵蚀类型复杂、覆盖面广。根据2010年国务院启动开展的第一次全国水利普查情况(第四次全国土壤侵蚀普查),我国现有土壤侵蚀面积294.91万km^2(其中水力侵蚀面积129.32万km^2,风力侵蚀面积165.59万km^2),与2000年水利部公布的第二次全国土壤侵蚀遥感调查面积355.55万km^2相比,土壤侵蚀面积减少了60.64万km^2,但土壤侵蚀防治任务仍十分艰巨。近年来水土流失治理力度不断加大,十二五期间,全国累计完成水土流失治理面积26.15万km^2,其中仅国家级投入治理资金达240多亿元,约占总治理面积的1/4。根据2015年国务院批复的《全国水土保持规划》,到2020年,全国还将新增水土流失治理面积32万km^2,土壤侵蚀状况将进一步加快得到改善。面对类型复杂、分布广泛的侵蚀环境现状和不断提速的侵蚀治理政策方向,科学、精细、高效开展土壤侵蚀空间评价及其治理工作,及时了解和掌握区域乃至全国土壤侵蚀的空间分布和侵蚀程度,科学评价土壤侵蚀环境状况和综合治理成效,为相关政策制定、治理规划实施提供科学决策依据至关重要。

基于空间的行业管理是实现土壤侵蚀及水土保持精细高效管理的重要手段。土壤侵蚀与水土保持从其概念内涵或研究内容来看,其与地球表面的地表组成之间密不可分,属于自然地理与资源环境相关领域范畴(张丽萍等,2005),开展相关的研究和生产实践工作必须依据一定的地表组成单元来实现,即相应的研究单元对象或工作单元对象,例如进行土壤侵蚀监测评价应针对侵蚀单元进行评价分析,实施水土流失综合治理应针对治理单元开展相应规划、设计和实施工作,开展水土保持监督执法应有监督管理单元对象。在中国水土保持行业管理实践中,围绕不同水土保持发展目标,开展实施了一些具有空间管理意义的管理实践工作,例如水土保持区划、水土流失重点防治区划、小流域单元管理等。这些空间管理实践是根据不同的水土保持管理需求,基于不同的划定指标体系从不同角度出发进行设计的,它们对于组织、指导和评价我国的水土流失状况、开展水土保持综合治理工作发挥了重要的作用。这些空间管理单元主要是在宏观尺度层面或中观尺度层面。微观尺度空间管理层面是实现空间管理的最终落脚点,是保证空间管理机制有效实施的根本保证。目前,在微观尺度层面存在模糊的状况,微观管理单元存在侵蚀、治理、土地利用等矢量和栅格多种表现形式,类型不一致、不固定,尚未建立统一的基础空间管理单元,业务数据横纵向之间存在"微循环不畅""肠梗阻"现象,忽视了宏观政策引导与具体空间管制落实互补的必要性,导致诸多管理失效,主要体现在以下几个方面:

(1)不同层级微观管理单元不一致,数据引发冲突。水土保持行业管理工作是按照不同行政层级来分别组织推进的,例如,国家负责定期组织开展全国土壤侵蚀普查,地方根据本地区实际情况定期开展地方土壤侵蚀普查或监测工作。在相同调查精度、相同调查技术路线的情况下,因调查的基础图斑单元不一致,会出现两者无法解释的调查结果差距,造成上下之间的调查结果数据矛盾与冲突,对公信力造成一定影响。

(2)同级不同时期微观管理单元不一致,数据不能有效对比。因尚未确定统一、固定的水土保持基础空间管理单元,没有形成微观管理单元的管理约束,不同层级开展的不同期次土壤侵蚀普查、动态监测等工作过程中,为完成分析评价工作,常重新确定分析评价单元,造成不同期次的分析评价结果之间不能有效对比分析,不能精准发现和分析不同期次之间调查结果的变化去向、变化原因,不能统筹衔接水土保持宏观管理决策和微观治理需要,降低了调查数据结果的应用价值。

(3)土壤侵蚀与治理措施微观管理单元不协同,业务之间不能互为支撑。土壤侵蚀及其治理工作,在水土保持行业管理中因工作分工需要,常被分割成两块独立的工作。而根据水土保持原理及基层实践需要,针对某个单元调查分析出其土壤侵蚀类型及其强度情况,在综合治理过程中提出相应单元的治理措施,土壤侵蚀单元和综合治理措施单元之间应紧密衔接,甚至基本一致,而不是互不相关的两种管理单元。因业务之间的分割以及微观管理单元的缺失,土壤侵蚀调查单元数据和水土流失综合治理管理单元数据之间各自为政,不一致、不协同,不能互为支撑,各成体系,造成土壤侵蚀调查数据不能有针对性地反映综合治理数量及其成效,综合治理规划设计工作中需要重新按照规划设计进行土壤侵蚀调查工作,出现两张皮现象。

(4)微观管理单元不固定,数据质量与精度难以控制。土壤侵蚀调查、动态监测以及综合治理管理等工作中,控制调查及分析评价的精度是关键所在,而误差产生的原因在每项工作的各个环节都存在。在不同行政管理层级、不同期次间的调查与管理过程中,并不是调查范围的全部微观管理单元均发生变化,微观管理单元不固定、不统一,会将误差无故放大,很难精确反映治理成效以及人为扰动产生的影响程度。例如,现在我国水利、农业、国土、林业等部门平均每年治理水土流失面积约 5 万 km^2,5 年总计约 25 万 km^2,5 年总计变化仅占国土面积的 3%,而由于微观管理单元不固定、不统一造成的误差控制在5%范围内有很大的困难。对微观管理单元进行相对固定,重点对变化图斑单元进行动态更新,可大幅度提升成果精度。

(5)微观管理单元缺失,宏观空间管制要求无法落实。空间管制是一个从上到下、逐层推进的过程,即将宏观层面的空间管理政策与要求推向微观操作层面。水土保持行业管理中存在水土保持类型区、重点防治区等多项宏观空间管理手段,这些宏观管理单元尚不能落实到微观层面。例如,重点治理区水土流失面积仅体现在统计数据上,无法再落实到微观空间单元上。不同管理尺度层级之间的空间界线无法继承与衔接、信息要素无法交流与互通,宏观空间管制在微观层面没有有效载体,不能有效落实。

对于水土保持行业领域来说,土壤侵蚀监测评价、水土流失综合治理以及监督执法等工作是相互衔接、相互支撑的,其基础评价或管理单元应具有一致性或可实现相互衔接转化,以保证相关工作成果的协调统一。在一些水土保持相关领域均确立了明确的基础空间管理单元,例如,森林资源管理领域建立了基于“林班”和“小班”的森林资源管理体系,科学实施森林经营活动和生产管理工作；国土资源领域建立了以“地块”为基础的土地管理体系，开展土地利用调查、土地出让、土地登记和土地评价等工作。水土保持工作作为与自然地理环境关联紧密的行业领域，目前尚无统一的水土保持基础空间管理单元，迫切需要按照学科理论基础和管理实践，在已有研究工作的基础上，以期研究建立一套符合中国国情的统一的水土保持管理活动单元（简称“水保斑”），进而实现土壤侵蚀监测评价、水土流失综合治理、监督执法等基础数据单元的一体化管理，深入推进水土保持动态监测、水土流失综合治理以及人为水土流失活动的动态监管，不断提升水土保持现代化管理水平。

1.2 研究目的及意义

研究建立一套符合中国国情的统一的水土保持管理活动单元，其目的和意义具体体现在以下四个方面：

（1）有效统一水土保持管理活动基础。

水土保持综合管理实践中，监测评价、综合治理、预防监督等业务环节是一个整体，各业务间需有共同的基础工作单元，保障各业务活动相互对应与衔接。以“水保斑”为基础建立统一管理单元，可实现监测评价数据与综合治理数据直接对接，实现监测工作为综合治理规划设计、过程管理以及效益评价等工作提供支撑，同时综合治理数据为土壤侵蚀动态监测分析提供定量依据。在“水保斑”划定后，各项水土保持管理活动包括土壤侵蚀监测、综合治理（包括项目规划、措施设计、施工管理、验收评估、效益分析等）、预防监督（包括方案设计、监督检查、评估验收、补偿费征收等）等，均应统一使用“水保斑”区划成果，保障水土保持管理活动数据基础的统一性。

（2）科学实现水土保持动态监测或监管。

实施水土保持动态监测或监管的基础是要建立科学可靠的本底数据，才能使动态变化分析有据可依、有章可查。依据“水保斑”建立水土保持本底数据库，获取相对固定、有明确量化边界的基本管理单元，为科学实施水土保持动态变化追溯管理提供可能。基于“水保斑”开展土壤侵蚀动态监测评价，即可实现前后多个时期变化的强度、变化量以及变化的位置分析，也可实现对土壤侵蚀影响因子的定位、定量分析，精准查找土壤侵蚀变化的原因。基于“水保斑”实施水土流失综合治理，可实现治理措施实施质量情况分析以及措施实施保存率的动态分析，推进水土流失综合治理的定位、定量化管理。

（3）合理统筹多空间尺度转换衔接。

空间尺度转化一直是地学领域研究的重点和难点，不同渠道获取的不同空间尺度数据如何进行衔接，也是水土保持行业迫切需要解决的问题。“水保斑”的建立，一方面为不同空间尺度数据之间开展尺度转换研究和成果衔接提供了统一的空间尺度基准，建立了相同的尺度转化参照体系；另一方面统一建立“水保斑”，将在全国不同层级、不同业务之间形成“全国一张图”的工作状况，统一了水土保持基础数据空间尺度，有效解决了不同空间尺度数据无法衔接或衔接困难的问题。

（4）高效推进基础信息库建设与共享。

水土保持信息化是实现水土保持现代化的需要，是信息时代发展的必然要求。信息化工作的“血液”是数据，建立“水保斑”，建设形成水土保持的基础空间数据库，将为水土保持信息化建设建立稳定而又坚固的“血库”，筑牢信息化工作的基础。同时，信息化工作的最大难题是信息共享问题，在解决政策体制障碍、信息标准规范的同时，建立相互衔接、一致的数据基础也十分必要。建立“水保斑”，坚持以“水土保持类型区—小流域单元—水保斑”为基础建立数据管理框架，将从基础空间管理单元数据角度打通水土保持业务间的信息交流和共享障碍，有效提升水土保持信息化建设成效。

1.3 国内外研究现状

1.3.1 基础地理单元研究现状

水土保持基础空间管理单元是结合水土保持管理实际的一个新的提法，但其从本质上来看，土壤侵蚀及其治理是与地理学紧密相关的，而地理学主要是研究地球表面自然要素、人文要素相互关系以及要素间相互作用的科学，因此系统分析地理单元相关研究理论，对本研究具有极其重要的参考价值和借鉴作用。地理单元是在现代自然科学和社会科学发展的影响下，使得地理学的研究从静态、定性描述走向动态、定量分析的重要途径（李莉等，2005）。关于地理单元的概念定义，《现代汉语词典》将“地理”解释为：“全世界或一个地区的山川、气候等自然环境及物产、交通、居民点等社会经济因素的总的情况”。《现代汉语词典》将“单元”解释为：“整体中自成段落、系统，自为一组的单位（多用于教材、房屋等）”。“地理单元”在《现代地理学词典》解释为：“地理因子在一定层次上的组合，形成地理结构单元，再由地理结构单元组成地理环境整体的地理系统。在此种意义上，地理单元是介于地理基质（最小低层次的独立成分）和地理整体系统之间，有时也可将地理单元称为地理子系统或地理亚系统。故凡由地理基质组成的、低于最高层次系统的各种中间结构形式，均可称为地理单元。”

由于地理学科的不同分支、应用、范围和层次，地理单元的种类很多。地理单元可按形式和内容分别进行分类，按形式分为点状、线状和面状 3 类地理单元；按内容分专题、综合和基础 3 类地理单元。专题地理单元是指某一专题应用的地理单元。综合地理单元是指两个或两个以上专题应用组合成的“综合”地理单元。基础地理单元是指两个或两个以上专题信息系统需要的地理单元（黄裕霞等，2002）。

从空间尺度分类层面，鲁学军等（2005）应用等级理论、系统论、控制论方法，提出了一套区域地理系统单元等级圆锥理论，将区域地理系统单元划分为地理最小结构单元、地理基本功能单元、地理景观单元、地理景观类型单元与地理景观类型组合单元等，分别满足实现地理学“最小空间粒度划分”“基本空间过程分析”“空间过程共轭分析”“类型划分”与“类型间相互作用”的研究应用。另外，王红等（2004）从建立形成基础的地理空间制图控制框架、有效协调空间地理各要素有序表达、为公众提供最基础的地形种类与分布数据等角度出发，提出了“国家基本地理单元”的概念，该地理单元含义是内部地理环境条件基本相同而与周边地理单元明显不一致的空间单元。李英奎等（2001）基于多源数据集成的角度出发,引入了综合信息元的概念,按照某种规则将地理空间划分为不同的相对均质子空间后形成的基本空间单位,作为空间数据采集、记录存储、分析以及应用管理的基本单元。杨勒科等(1998)基于地理数据库建立、专题系列制图的应用,提出"基本信息元",来开展地理空间信息采集、记录存储和空间分析,该基本信息元是地理实体要素的空间集成,具备明确的边界、均一的属性、一定的地理特征等特性,并随着地表要素的变化而更新。

相关地理单元的类似概念提法研究还有不少,例如,集合模拟单元 ASA:Aggregated Simulation Areas(Kite,1997),整合资源单元 IRU:Integrated Resources Unit(Adinarayana et al,1999),分组响应单元 GRU:Grouped Response Unit(Kouwenetal,1995),最小图斑栅格单元(马蔼乃,1997)等,均为从某一应用角度出发而提出的。

1.3.2 相关行业地理单元应用研究现状

在与地理学、自然资源学等密切相关的行业里,类似于地理单元的研究和应用也有不少,特别是在国土资源和林业行业里面已经应用相对成熟,且已经形成了一套较为完善的单元管理体系。

1.3.2.1 在森林资源管理领域

我国森林资源调查工作主要开始于 20 世纪 50 年代,多年来主要是采用调查抽样以及地理信息、遥感等先进技术手段,针对全国各大林区开展森林经理调查,建立形成了我国森林调查的三级工作体系,主要是以全国或较大区域为对象的一类森林资源调查,以编制规划设计目的而开展的二类森林资源调查,以森林作业设计为目的的三类森林资源调查。三级森林资源调查有机衔接与互补,是组织开展森林经营管理、完善森林资源管理、实现森林多功能永续利用的最主要、最基本的技术管理体系(何志国等,2012)。其中,森林资源清查是 20 世纪 70 年代开始的,已开展了八次,第八次全国森林资源清查从 2009 年开始,到 2013 年结束(耿国彪,2014)。在这些森林资源管理工作中,形成了相对稳定的森林区划系统体系,即:林业局森林区划系统林业局—林场—[营林区(分场)]林班—小班,国有林场森林区划系统林场—[营林区(分场)]—林班—小班,集体林区森林区划系统是县—镇—村—林班—小班(赵彦昌,1986;郑鑫,2010)。以"林班"和"小班"为基础的森林区划,主要针对行政管理、资源管理及组织林业生产而进行的,主要目的包括便于组织各类经营单位、调查统计分析森林资源数量和质量以及森林经营利用活动,提升森林资源经营管理水平等(郑鑫,2010)。林班是在林场的范围内,为便于资源统计和经营管理,依据不同地形条件划分的具有稳定界线、面积大小基本相同的森林地块,林班是永久性的经营单位,林班面积一般为 100~500 hm^2。小班区划是林区各类森林资源调查的基础,也是森林经营管理的基础,主要依据的原则为每个小班内部的自然特征基本相同,与相邻小班又有显著差别(郎奎建等,2005)。森林经营管理实践中林班单元一般相对固定,而小班单元主要是为调查统计资源,界线不一定相对固定,这样难以有效体现小班单元数据价值及其可持续应用性,加大了后续森林资源调查的任务及工作量。针对这样的问题,一些学者也开展了小班单元稳定性应用研究(翁友恒等,1996;闵志仁等,2006)。

1.3.2.2　**在国土资源管理领域**

土地是国土资源最基本的管理对象，既具有自然特征及其利用特征，也有经济特征和法律特征。在国土资源管理工作中按照土地的特征划分为不同的土地单元，即我们所说的地块。关于地块单元的理解认识也有较大差异，例如《地籍测量规范》(1995年国家测绘局颁布)对于地块定义为"地籍的最小单元，是地球表面上一块有边界、有明确权属和利用类别的土地"；《现代地籍的理论与实践》(杜海平等，1999)定义地块为"一个连续的空间区域，并可辨认出同类属性的最小土地单位"。现在常见的地块概念主要是土地调查中按《土地利用现状分类标准》划分的土地利用现状类别——块地，也叫地块(翟晓芳，2004)，在有关文件中也有称为"土地利用图斑"，实为同一事物。为全面查清全国土地利用状况，掌握真实的土地基础数据，目前我国已经开展了两次全国土地调查，其中第二次土地调查于2007年启动，以2009年12月31日为标准时点，采用统一的土地利用分类国家标准，采用覆盖全国遥感影像的调查底图，查清每块土地的地类、范围界线、面积分布和用途等情况，建立土地利用数据库和地籍信息系统(原国土资源部、国家统计局，2007、2014)。在第二次全国土地调查成果的基础上，原国土资源部开展了全国国土资源"一张图"建设和综合监管平台建设，实现国土资源的全程监管和高效配置。

1.3.2.3　**在自然灾害防治研究领域**

潘耀忠、史培军(1997、1998)在开展区域自然灾害系统论研究工作过程中，提出了区域自然灾害系统基本单元的概念，该基本单元是按照灾害系统组成要素，对致灾空间进行逐级划分得到的最小均质单元，是区域自然灾害定量化研究的重要基础。Carrara(1991、1992、1995)在开展滑坡危险性空间制图研究中，应用GIS技术首先定义了地形单元和坡度等级单元等空间单元概念，并针对各空间单元逐级进行空间叠加，形成满足不同均质条件下的基本空间单元，以此为基础开展多变量综合分析，制作了滑坡危险性评价空间分布图。周成虎(1993)在洪水灾害评估信息系统研究中提出了"洪水影响区"概念及分类，Garrote，Hiscock等(1995)在洪水灾害易损性评价研究过程中，提出了灾害最小均质基本单元的研究基本思路，该基本单元主要通过对灾变作用空间进行逐步划分来体现。

1.3.2.4　**在水文研究领域**

水文模型始终是水文科学研究的重要手段与方法之一，而水文单元划分是重要基础。分布式水文模型的单元划分是为了反映流域下垫面因素的空间分布如何影响流域水文循环的状况。通常分布式水文模型在水平和垂直两个方向进行空间划分，水平方向上按照地表要素组成将流域划分为若干空间单元，垂直方向上将相应空间单元再划分为饱和水土壤层、非饱和水土壤层和冠层。水文单元的形式一般包括3种形式：山坡单元、自然子流域单元和网格单元，其中，山坡单元是基于DEM栅格数据提取微流域单元和河流网络，采用等流时线的概念进行微流域单元的汇流网带划分，最后基于河流网络将每个汇流网带划分为多个矩形山坡面单元；自然子流域单元一般基于DEM数据进行河网的提取和子流域的划分；网格单元是按照DEM栅格数据的特点，将地表区域划分为许多相同大小的正方形网格单元(王中根等，2002)。这些水文单元形式都是作为分布式水文模型的计算单元来建立的。另外有些学者还提出与水文单元相类似的水文响应单元(Hydrological Response Units，HRU)，作为水文模型模拟的基本单元，提出了其空间离散化的方法，在此基础上开展水文领域的相关研究(张旭等,2009;宁吉才等,2012;刘宁等,2013)。

1.3.3 水土保持有关空间单元应用研究现状

在水土保持科学研究与生产实践领域,具有空间管理理念的应用实践一直贯穿水土保持工作发展过程中。在中国水土保持行业管理中,在宏观尺度方面,先后出现了土壤侵蚀类型区、重点防治区、水土保持区等主要的空间管理类型。其中,最早明确提出并应用的空间管理实践是土壤侵蚀类型区。为反映和揭示不同类型的侵蚀特征及其区域分布规律,水利水电部1984年在有关科学研究与实践的基础上,颁发了《关于土壤侵蚀类型区划分和强度分级标准的规定(试行)》,首次从政府层面划分了土壤侵蚀类型区,把全国划分为水力侵蚀、风力侵蚀和冻融侵蚀3个类型区,其中水力侵蚀为主的土壤侵蚀类型区又分为6个二级区;1996年将此试行规定上升为正式的水利行业标准《土壤侵蚀分类分级标准》(SL 190—1996),并在2007年进行了修订,修订后按土壤侵蚀外营力的不同种类将全国土壤侵蚀类型区划分为3个一级区和9个二级区。该区划属于综合自然区划范畴,范围边界为位置描述性,没有形成固定的图形边界。

为明确国家级水土流失防治重点,实施分区防治战略,分类指导,有效地预防和治理水土流失。2006年水利部划分了国家水土流失重点防治区,主要包括水土流失重点预防保护区、重点监督区和重点治理区;2013年,水利部对此区划成果进行了复核,根据2010年修订的《水土保持法》,取消了重点监督区,保留了国家级水土流失重点预防区和重点治理区,重点防治区划不属于全域性区划。为进一步明确水土保持总体布局、区域生产发展方向或土地利用方向和水土流失防治措施,2012年,在土壤侵蚀类型分区的基础上水利部制定印发了《全国水土保持区划(试行)》,该区划采用三级分区体系,全国共划分为8个一级区、41个二级区、117个三级区,在综合自然区划属性的基础上,融合了部门经济属性,并实现了区划单元界线划定。这些空间管理实践主要是在宏观尺度方面的空间管理。

同时,在水土保持综合管理实践中,国内外均开展了广泛的小流域综合治理(齐实等,2017),我国也总结提出了以小流域为单元的山、水、田、林、路综合治理管理实践。以小流域为单元开展水土流失综合治理,是我国开展水土流失治理的一条具有特色的成功经验。小流域单元是指以分水岭和出口断面为界形成的面积比较小的闭合集水区,每个小流域既是一个独立的自然集水单元,又是一个发展农、林、牧生产的经济单元。根据水利部颁发的《小流域划分及编码规范》(SL 653—2013)规定,小流域单元一般为3~50 km^2。我国以小流域为单元开展水土流失综合治理始于20世纪50年代,主要在黄土高原建立了水土保持科学试验站开展试验性示范实践(郭廷辅,1991)。1980年水利部组织召开的水土保持小流域治理座谈会上,明确了小流域的概念和标准,提出了我国水土保持要以小流域为单元进行综合治理的要求,在行业管理实践中进行快速推广应用(郭廷辅,1991)。同时在科学研究方面,我国科研人员也开展了大量以小流域为单元的综合研究工作,为构建中国特色小流域综合治理模式奠定了基础(刘春元等,1988;齐实等,1991、1992;刘殿家,1996)。近年来,北京市率先提出了生态清洁型小流域理论,建立了"生态修复、生态治理、生态保护"三道防线的工作思路和理念,并在全国进行了推广,丰富了水土保持小流域的内涵(杨进怀,2013;毕勇刚,2014;杨元辉等,2014)。由于小流域单元空间范围尺度比较大,主要作为水土流失综合治理措施布设的区域控制单元,不能作为坡面上修水平梯田、造林、种草等水土流失治理措施的最小管理单元。在土壤侵蚀监测评价方面,可以小流域为单元进行小流域尺度的径流泥沙观测,但不能作为坡面侵蚀、沟道侵蚀监测与评价的最小单元。

在水土保持研究和生产实践中,针对满足某一应用工作需要,与水土保持基础空间管理单元相类似或者在数据分析评价环节有相类似的提法研究,主要有地块单元、土壤侵蚀图斑、治理措施图斑和遥感像素单元等。水土保持研究和实践中应用"地块"来代替水土保持基础空间管理单元的研究应用比较多,即基于土地利用类型的"地块"划分单元,按"地块"进行土地资源信息调查,赋予每个单元土地利用类型、岩石、土壤、植被、坡度、土壤侵蚀等属性要素信息,支撑和满足土壤侵蚀监测评价、水土保持规划以及水土流失综合治理工作(王礼先等,1985,1992;李锐等,1998;刘高焕等,2002)。此类"地块"单元在反映水土保持综合要素时,会存在复合信息,例如同一"地块"单元可能有多种土壤类型、多个坡度等级、多个植被类型及盖度级别,不能完全作为水土保持的最小管理单元。另外,在有关研究中,分析单元虽然利用"地块"的名字,但类似综合地理单元一样,综合了其他相关地理信息指标确定单元边界,开展水土保持相关研究工作。例如,刘高焕等(2003)确定的地块单元为:基于流域地形图、土壤类型、土地利用类型、坡向分类、坡度分级等图层,经过空间图层叠加、地块归并、编码与属性赋值等环节,形成的地块单元图层。其他学者也开展很多类似的地块单元应用研究(杨勤科等,1993;唐政洪等,2001;傅涛等,2001;胡晓静等,2009)。同时类似具有综合信息的"地块",张丽萍等(2005)将之定义为"基本生态单元",倪晋仁等(2007)定义为"最小图斑"。"地块"作为土地管理领域的一个管理单元概念,还不能充分体现水土保持领域土壤侵蚀监测评价、水土流失综合治理等业务特点,不能完全满足水土保持相关工作需求。

在水土流失综合治理实践工作中有水土保持治理图斑单元提法,即以综合治理规划设计以及治理实施的水土保持措施类型为边界,在规划设计或验收图纸上划定的最小管理单元(马慕铎,1998)。2014 年水利部提出了水土保持综合治理"图斑"精细化管理要求。综合治理图斑是从水土流失治理单一角度出发进行单元界定的,能够准确反映水土流失治理情况;但这类治理措施单元没有考虑土壤侵蚀监测评价等有关内容,其单元组成无法满足土壤侵蚀监测评价需要,在许多实际工作中产生同一地区治理措施单元与土壤侵蚀数据单元之间无法对口衔接,一定程度上造成相关工作的脱节情况。

另外,在土壤侵蚀监测评价工作中,依据土壤侵蚀影响评价因子(主要包括土地利用、土壤因子、气候因子、植被因子等)各自划定的单元,进行空间的叠加处理,形成的最小单元图斑,作为土壤侵蚀评价的基础单元(袁克勤等,2009)。这种方式划定的基础单元,由于全面考虑了土壤侵蚀的各类影响因子,既包括相对静态因子,也包括相对动态因子(如植被因子、降雨因子等),同时受土壤侵蚀监测评价模型不同,影响因子的种类和数量也有很大不同,从而造成土壤侵蚀监测评价单元无法相对固定,也无法统一,使土壤侵蚀动态监测评价的根基不牢固。随着近年来遥感技术的普及,以遥感像素作为计算分析单元,开展了许多土壤侵蚀监测评价和水土流失治理措施监测的研究和实践,一定程度上提高了工作质量与效率。但以遥感像素为单元也存在无法规避的问题:一是像素单元属于一种数据格式单元,无法与地表组成信息直观对应,特别是无法与水土流失综合治理数据相对接,从而产生"两张皮"的现象;二是受遥感数据源(不同遥感数据分辨率)以及遥感数据处理误差的影响,评价单元无法相对固定和统一,从而导致土壤侵蚀评价和治理措施没有固定单元,一定程度影响了动态变化的深度分析及原因追溯。

1.3.4 研究现状综合分析

综上所述,国内外学者相关研究内容为本研究提供了很多有效的方法和思路,但这些研究与本研究侧重点有所不同或也存在一些不足,主要体现在以下几个方面:

(1)研究对象侧重点不完全相同。已有的地理单元研究以及与水土保持相关地理单元的研究主要是侧重自然地表特征的单元,这类单元由于没有将水土保持综合管理因素(行政管理、流域管理、重点防治区划管理等)考虑进去,如治理工作需要、行政管理需要、流域管理需要等,导致这些单元划定后,仅满足了业务分析工作的需要,在生产管理应用中因变动较大,不能兼顾管理需要,造成业务分析与生产管理"两张皮"的现象。特别是针对满足目前关于土壤侵蚀监测评价、水土保持综合治理、预防监督等需求的基础空间管理单元尚存空白。

(2)研究应用领域相对单一。现有研究出发点多为单一领域研究和应用,从业务领域方面看,或面向土壤侵蚀监测评价的单元,或面向水土保持流域治理的单元,满足侵蚀及其治理单元划分研究的比较少。从应用角度方面看,多为面向水土保持专题制图、空间数据集成、数学分析运算等相对独立领域的运算分析单元,而开展面向多领域的综合管理单元研究较少。

(3)尚未形成完整的理论体系。土壤侵蚀及其治理作为与自然地理紧密相关的科学,基于空间管理的思想比较缺乏,基于基础单元的管理理论尚未形成。一些研究虽然对应用于水土保持的地理单元给出了概念定义,但还没有综合运用地理学、土壤侵蚀学、水土保持原理等理论和方法,从理论层面提出满足水土保持管理需要的基础空间单元理论,基础空间管理单元理论体系尚未形成。

(4)基础单元划分方法尚存不足。在现有的相关研究中对基础单元划分的指标和方法研究还不系统、不完善,开展单元划分的指标因素形式多样,没有理论支撑,较为主观;划分指标确定方法不明确,不能满足大范围推广使用条件;单元划分过程中尺度问题、层次过程、表征模式等问题等尚无相关研究。

(5)更新与应用模式研究还有欠缺。相关研究尚未深入考虑在生产实践中如何进行更新,指导生产应用的方法和模式还没有系统深入研究。

第 2 章　研究内容与方法

2.1　研究目标

在全面、系统梳理现有土壤侵蚀调查评价、水土保持综合治理以及预防监督等业务应用与管理需求的基础上，基于土壤侵蚀学、水土保持学、自然地理学、地图学等基础理论，研究提出满足中国特色水土保持工作需要的基础空间管理单元系统理论，论证相应的理论基础、概念内涵、表征特性及基本原理等；同时基于高分遥感和地理信息等成熟技术建立一套符合自有特色的基础空间管理单元实践方法体系，以期研究建立一套符合中国国情的统一水土保持管理活动单元，进而实现土壤侵蚀监测评价—水土流失综合治理—监督执法等基础数据单元的一体化管理，深入推进水土保持动态监测、水土流失综合治理以及人为水土流失活动的动态监管，不断提升水土保持现代化管理水平。

2.2　研究内容

（1）基于土壤侵蚀学、水土保持学、自然地理学、地图学等基础理论，研究提出开展满足我国国情的水土保持基础空间管理单元（简称为“水保斑”）理论，研究提出相应的理论基础、概念内涵、表征特性，以及层次区划、最优尺度、表征模式等基本原理，形成一套完整的基础空间管理单元理论体系。

（2）基于“水保斑”划分指标的确定原则，全面系统分析水土保持监测评价、综合治理和预防监督等各类水土保持业务需求，综合提出斑块划分的指标体系。针对相应的划分指标分别研究提出相应指标的科学快速、工程化提取关键技术。

（3）基于已提取的划分指标，研究提出“水保斑”划分实现方法，主要采用空间叠置法、语义分析法、继承性分割法等多种方法对比研究，开展斑块划分，分析论证各种划分方法优差程度，提出最适宜的划分方法，满足生产实践中标准、规范、高效应用的需要。同时，对不同类型区的“水保斑”划分结果进行分析，实践获取不同类型区斑块的数量、大小及其合理性等，为全面开展“水保斑”划分奠定实践依据。

（4）研究提出“水保斑”数据更新的原理与方法，建立更新的方法技术体系与流程，满足水土保持动态管理的需要。

（5）研究提出“水保斑”在生产实践中的应用总体模式，并研究基于“水保斑”搭建水土保持空间管理框架体系，研究提出在监测评价、综合治理、预防监督等水土保持业务中的应用模式。

2.3 研究技术路线

采用文献研究法，广泛收集和查阅与本研究有关的理论和试验研究文献，全面、系统梳理现有土壤侵蚀调查评价、水土保持综合治理以及预防监督工作过程中数据分析与管理需求，基于土壤侵蚀学、水土保持学、自然地理学、地图学等基础理论，定性研究提出满足我国国情的水土保持基础空间管理单元(简称为"水保斑")理论体系；通过理论分析与试验研究相结合的方式，基于面向对象的高分遥感技术、地理信息系统技术等，在全国水土保持区划不同类型区中分别选择典型区域开展"水保斑"区划的数据指标体系、提取分析方法、多指标集成划分方法研究，以及"水保斑"的更新与生产应用模式研究。研究技术路线如图 2-1 所示。

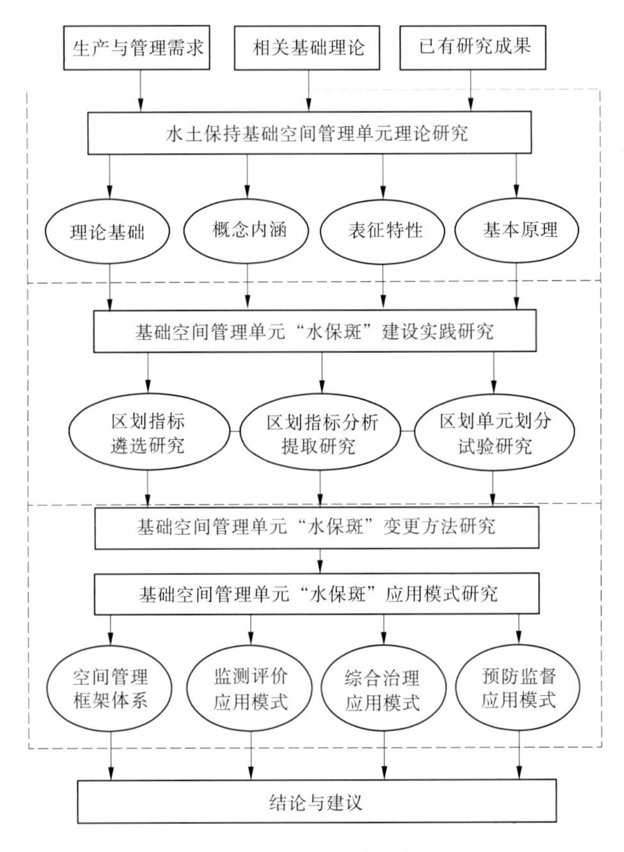

图 2-1 研究技术路线

2.4 研究方法

本研究过程中主要应用文献研究法、理论分析法、实证研究法、系统分析法和对比研究法等方法，这些研究方法相互支撑、相互融合，保障本研究工作顺利实施。

2.4.1 文献研究法

通过广泛收集和查阅相关文献资料，对所研究的问题背景、历史和现状进行全面、准确的了解与掌握，有针对性地提出本研究的目的、内容和思路。同时通过查阅大量相关文献，对研究的理论基础进行分析论证，深入明确本研究的理论基础，为本研究的开展奠定坚实的科学理论依据。

2.4.2 理论分析法

在查阅大量资料的基础上，针对本研究提出的问题进行科学的理论分析，研究提出水土保持基础空间管理单元的概念和内涵，以及其他相关的基础原理，进而系统形成完整的理论框架，为后续的实践研究奠定理论基础。

2.4.3 实证研究法

根据建立形成的理论基础选取一定的代表性研究区域进行实证研究，基于收集的相关遥感影像和地形数据等研究数据，开展划分指标提取方法、斑块单元划分方法等研究，通过分析划分指标分析结果与斑块单元划分结果，为本研究成果的推广应用提供科学、高效的实践方案。

2.4.4 系统分析法

本研究的研究对象属于微观范围，相当于水土保持领域中“细胞”类问题，但其牵涉到水土保持工作的各个方面，因此在研究分析的过程中需要用到系统分析方法，特别是其基本原理的研究论证、划分指标的工程化快速提取等方面，都需要基础系统工程学原理进行研究。

2.4.5 比较研究法

在单元划分方法的研究过程中，没有找到相对比较成熟的研究方法，因此本研究过程中根据研究目标，结合相关文献并探索尝试了多种方法对比研究，结合实例分析对比各种方法的优劣及其适用范围，为推广应用提供多种可行选择。

2.5 研究区选择与概况

我国是世界上土壤侵蚀最严重的国家之一，主要侵蚀类型有水力侵蚀、风力侵蚀和冻融侵蚀，由于我国地域辽阔，地貌类型与植被类型多样，土壤侵蚀成因复杂，分布上均具有显著的空间分异特征，研究区域的选择应具有代表性和典型性。水土保持综合治理主要是在水力侵蚀区，本研究仅对水力侵蚀区开展实例研究，风力侵蚀区和冻融侵蚀区本书不做相关研究论证。为了充分反应不同区域和不同地貌类型下土壤侵蚀的特征，根据水利部划分的水土保持区域一级类型区，结合研究数据的可获取性，本研究在6个水力侵蚀区开展研究：东北黑土区小兴安岭山前丘陵区、北方土石山区冀北山地、西北黄土高原区陕北黄土高原丘陵沟壑区、西北黄土高原区晋陕甘高塬沟壑区、南方红壤丘陵区金衢盆地区、西南石漠化区黔西南高原峡谷区，每个研究区范围为所在区域1：10 000地形图的标准图幅所覆盖的范围，面积25~28 km^2。其中，西北黄土高原区作为我国土壤侵蚀重点区域，其内涉及两个研究样区。研究区基本情况见表2-1。

表2-1 研究区基本情况

研究样区名称	样区面积(hm^2)	所属地貌区	所属水土保持区划	样区遥感影像图
盛家屯	2 175.82	松嫩平原——小兴安岭及东部山地西侧山前冲积、洪积台地地区	东北黑土区——大小兴安岭山地区——小兴安岭山地丘陵生态维护保土区	
孙庄子	2 456.77	燕山及辽西山地丘陵——冀北山地	北方土石山区（北方山地丘陵区）——燕山及辽西山地丘陵区——燕山山地丘陵水源涵养生态维护区	
贯屯公社	2 744.61	黄土高原——陕北黄土高原丘陵沟壑区	西北黄土高原区——晋陕蒙丘陵沟壑区——延安中部丘陵沟壑拦沙保土区	
米家堡	2 614.27	黄土高原——甘肃省黄土高塬沟壑区	西北黄土高原区——晋陕甘高塬沟壑区——晋陕甘高塬沟壑保土蓄水区	
王村	2 798.30	南方山地丘陵——金衢盆地区	南方红壤区（南方山地丘陵区）——江南山地丘陵区——浙赣低山丘陵人居环境维护保土区	

续表 2-1

试验样区名称	样区面积（hm^2）	所属地貌区	所属水土保持区划	样区遥感影像图
落水	2 915.48	云贵高原——云南高原	西南岩溶区（云贵高原区）——滇黔桂山地丘陵区——滇黔川高原山地保土蓄水区	

2.5.1　东北黑土区样区（盛家屯）

盛家屯样区行政隶属于黑龙江省齐齐哈尔市拜泉县，位于小兴安岭及东部山地西侧山前冲积、洪积台地地区，地处中高纬度，欧亚大陆东岸，小兴安岭余脉与松嫩平原的过渡地带。所属水土保持区划一级区为东北黑土区，二级区为大小兴安岭山地区，三级区为小兴安岭山地丘陵生态维护保土区。该区域属中温带湿润地区，年均降水量500~700 mm。土壤类型主要有暗棕壤、沼泽土和草甸土等，植被类型主要以针阔叶混交林和落叶栎林为主。土壤侵蚀类型主要以水力侵蚀为主，分布在坡耕地和稀疏林地等地区（沈波等，2015）。

2.5.2　北方土石山区样区（孙庄子）

孙庄子位于河北省张家口市怀来县西南。所属地貌区为冀北山地区，地处内蒙古高原与华北平原的过渡带，地貌类型主要包括中山、低山、丘陵和谷地等。所属水土保持区划一级区为北方土石山区（北方山地丘陵区），二级区为燕山及辽西山地丘陵区，三级区为燕山山地丘陵水源涵养生态维护区。该区域属温带大陆性季风气候，年均降水量450~550 mm。土壤类型主要以褐土和棕壤为主，植被类型以针阔叶混交林、草本和灌木为主。土壤侵蚀类型主要以水力侵蚀为主（李盼威，2006；李子君，2012）。

2.5.3　西北黄土高原区样区（贯屯公社）

贯屯公社行政隶属于陕西省延安市宝塔区，位于陕北黄土高原中部丘陵沟壑区，地貌以黄土塬梁丘陵沟壑为主，峁梁起伏，以峁为主。所属水土保持区划一级区为西北黄土高原区，二级区为晋陕蒙丘陵沟壑区，三级区为延安中部丘陵沟壑拦沙保土区。该区域属于温带半干旱气候区，年均降水量689.0 mm。土壤类型主要有黄绵土、褐土、棕壤和栗钙土等，植被类型主要以暖温带落叶阔叶林和森林草原为主。土壤侵蚀类型主要以水力侵蚀为主，北部地区存在水力侵蚀和风力侵蚀交错地区（杨岗青，2012；王治国等，2015）。

2.5.4　西北黄土高原区样区（米家堡）

米家堡行政隶属于甘肃省庆阳市西峰区，属黄土高塬沟壑区，地貌主要以塬面、沟坡和沟谷为主，其中沟坡、沟谷合称沟壑。所属水土保持区划一级区为西北黄土高原区，二级区为晋陕甘高塬沟壑区,三级区为晋陕甘高塬沟壑保土蓄水区。该区域属温带大陆性半干旱气候,年均降水量 400~600 mm。土壤类型主要有黑垆土、新积土和黄绵土等,植被类型主要属暖温性森林草原带型。土壤侵蚀类型主要以水力侵蚀和重力侵蚀为主,塬面以水力侵蚀为主,坡面以面蚀和沟蚀为主,沟谷主要是重力侵蚀(毕华兴等,2010;张志萍等,2011;郭嘉等,2014;康飞龙等,2016)。

2.5.5 南方红壤区样区(王村)

王村行政隶属于浙江省金华市东阳市,位于金衢盆地东缘,浙东丘陵西侧,地貌类型以盆地和丘陵为主。所属水土保持区划一级区为南方红壤区(南方山地丘陵区),二级区为江南山地丘陵区,三级区为浙赣低山丘陵人居环境维护保土区。该区域属亚热带季风气候区,年均降水量 1 351 mm。土壤类型主要有红壤、水稻土和黄壤等,植被类型主要以常绿针阔叶次生林、草灌丛和人工林为主。区域内山坡陡峭,水系沟谷发育,水力侵蚀较严重,岗地普遍被切割成长条状的垅岗(曹林,2012;吴文跃,2016)。

2.5.6 西南岩溶区样区(落水)

落水行政隶属于云南省曲靖市宣威市,地处云南高原。地貌南北山高,中部较低平,西部、南部多山间平地。所属水土保持区划一级区为西南岩溶区(云贵高原区),二级区为滇黔桂山地丘陵区,三级区为滇黔川高原山地保土蓄水区。该区域属亚热带和热带湿润气候区,年均降水量 953.1 mm。土壤类型主要以黄壤、黄棕壤、赤红壤和红壤等为主,植被类型主要以亚热带和热带常绿阔叶、针叶林及针阔混交林为主。土壤侵蚀类型以水力侵蚀为主,局部地区存在滑坡、泥石流等重力侵蚀(王治国等,2015)。

2.6 研究数据来源

本研究实例分析过程中用到的研究数据主要有遥感影像数据、地形地貌数据、基础土壤数据等主要数据种类。

2.6.1 遥感影像数据

本研究所用的遥感影像数据主要为“高分一号(GF-1)”遥感数据。“高分一号”卫星是 2013 年 4 月我国高分辨率对地观测系统国家科技重大专项发射的首颗卫星,该卫星配置了 2 台 2 m 空间分辨率全色/8 m 空间分辨率的多光谱相机,4 台 16 m 空间分辨率多光谱宽幅相机,具备高空间分辨率和中空间分辨率观测以及大幅宽成像相结合的特点,其中 2 m 空间分辨率全色和 8 m 空间分辨率的多光谱图像组合幅宽优于 60 km。GF-1 卫星有效载荷技术指标详见表 2-2。本研究所用“高分一号”遥感数据主要为研究区 2014 年、2015 年 2 m 空间分辨率全色和 8 m 空间分辨率的多光谱融合影像。

获取到的遥感数据为 GF-1 卫星标准产品 2A 级产品,是既经数据解析、均一化辐射校正、去噪、MTFC、CCD 拼接、波段配准等处理,又经过几何纠正、地图投影生成的影像产品 。为了提高遥感影像的精度需进一步预处理,处理内容包括正射纠正、配准、融合和镶

表 2-2　GF-1 卫星有效载荷技术指标

参数	2 m 分辨率全色/8 m 分辨率多光谱相机		16 m 分辨率多光谱相机
光谱范围	全色	0.45~0.90 μm	—
	多光谱	0.45~0.52 μm	0.45~0.52 μm
		0.52~0.59 μm	0.52~0.59 μm
		0.63~0.69 μm	0.63~0.69 μm
		0.77~0.89 μm	0.77~0.89 μm
空间分辨率	全色	2 m	16 m
	多光谱	8 m	
幅宽	60 km(2 台相机组合)		800 km(4 台相机组合)
重访周期(侧摆时)	4 d		—
覆盖周期(不侧摆)	41 d		4 d

嵌。其中,正射纠正采用有理函数模型对影像进行处理,利用高分辨率的 DOM 和 1∶5 万的 DEM 作为控制资料,选取待纠正影像和基准影像上均有的同名明显特征地物点为纠正控制点。在纠正单元内选择影像的 4 个角点及正中央的中心点,每景控制点数量在山区为 12~15 个,在平原区为 9~12 个,相邻景重叠区应选取不少于 3 个公共点。正射纠正的相对误差限差在山区小于 4 倍的采样间隔,在平原区和丘陵区小于 2 倍的采样间隔。

全色和多光谱影像配准的相对误差限差在山区小于 4 倍的采样间隔,在平原区和丘陵区小于 2 倍的采样间隔。融合算法采用 PANSHARP 算法,其融合精度的 4 个指标分别是相关系数、均值偏差、方差偏差、偏差指数,融合数据多个波段的 4 个指标平均,其值域控制分别是相关系数±0.9、偏差指数±0.2、方差偏差±0.07、均值偏差±0.003。

镶嵌处理前进行重叠检查,景与景间重叠限差在平原区和丘陵区小于 2 个像元,在山区和高山区小于 3 个像元。重叠检查后,对待镶嵌的影像进行亮度和色彩的调整,时相相同或相近的镶嵌影像纹理、色彩自然过渡;时相差距较大、地物特征差异明显的镶嵌影像,允许存在光谱差异,但同一地块内光谱特征尽量一致。镶嵌线选取线状地物或地块边界明显的几何分界线,或空旷、色调暗、纹理细碎不规则部位及山谷地带,避免切割建筑物、田块等完整地物,接边处无地物错位、模糊、重影和晕边现象。

2.6.2　地形地貌数据

经比选分析,本研究采用的分析地形地貌原始数据主要为国家基本比例尺 1∶1 万地形图数据。1∶1 万地形图是根据国家颁布的测量规范、图式和比例尺系统测绘或编绘的全要素地图,采用高斯—克吕格投影,按照 3°分带,航空摄影测量方法成图。地形图坐标原点的经度为投影带的中央经线的经度,纬线为 0°,并向西平移 500 km,坐标单位为 m。1∶1 万地形图分幅以 1∶100 万地形图为基础,将每幅 1∶100 万地形图划分为 96 行 96 列,在 1∶100 万地形图编号后加上 1∶1 万地形图的比例尺代字和行列号,即为 1∶1 万地形图的编号,如 J50G093004。每幅 1∶1 万地形图经差 3′45″,纬差 2′30″。

1：1万地形图图幅范围内需要表达的地理事物主要包括地形、水系、植被、居民地、交通网线、境界等6类。本研究主要基于1：1万地形图进行地形地貌指标分析，主要用的地理事物是地形，即以等高线为代表的各类地形地貌符号数据。数据处理方式上要是对纸质地形图进行扫描，经校正后对等高线进行矢量化处理，待本研究相关地形地貌指标分析使用。

2.6.3 基础土壤数据

土壤图来源于全国第二次土壤普查成果，根据普查数据汇总得到64幅1：100万土壤图，内容包括土壤类型分布、面积、土壤分类名称和典型剖面数据。数据类型为图像型或矢量型数据。其中全国性的土壤类型图比例尺为1：100万，属性精确到土壤亚类水平；省份的土壤类型图比例尺为1：50万，属性精确到土壤土属和土种水平。土壤剖面属性数据引自《中国土种志》以及各省份数据资料，主要包括土壤物理性质、土壤养分和土壤化学性质等，其中土壤物理性质包括土壤颗粒组成和土壤质地等。

 第 3 章　基础空间管理单元基础理论研究

3.1　理论基础

水土保持基础空间管理单元的研究提出，在基础理论上有比较多的依据，主要涉及土壤侵蚀学原理、水土保持学原理、自然地理学原理、景观生态学原理、地图学原理等方面。

3.1.1　土壤侵蚀学原理

从土壤侵蚀学的研究对象来看，主要包括两部分，一是侵蚀外在的动力，二是动力作用的对象——地表土壤或组成物质。而基础空间管理单元的研究对象即侵蚀动力作用的对象，研究其如何量化表现的问题。对土壤侵蚀的量化研究中，主要有土壤侵蚀量、土壤流失量和产沙量等几个概念角度，其中土壤侵蚀量是指在雨滴分离或径流冲刷作用下，土壤移动的总量；土壤流失量是指土壤离开某一特定坡面或田面的数量；产沙量是指迁移到预测点的土壤流失量。在田面边界和水路边缘则有更多的沉积，因此减少了流域的产沙量。目前研究水土保持行业生产实践领域主要是针对土壤流失量和产沙量两个方面，例如，最广泛应用的土壤流失量预报方程——美国通用土壤流失量方程（USLE）（Wischmeier，et al，1965）、修正土壤流失方程（RUSLE）（Renard，et al，1997）、SWAT 模型（Neitsch，et al，2000），以及方程的变形模型（CSLE 等）都是针对土壤流失量开展的。根据土壤流失量概念原理，其分析计算的空间基础对象即是地表某一特定坡面或田面。坡面广泛存在于自然界，整个陆地表面 80%以上面积都为坡面，包括山坡面、丘陵坡面、沟谷坡面和多种微型坡面以及人工形成的坡面，坡面水土流失和水土保持是重点和关键。产沙量的研究和观测在水土保持生产实践中多是通过流域卡口站、河流断面观测而来的，这也就是产沙量原理中所说的迁移预测点，而这个预算点所关注和控制的范围就是流域范围，一般在土壤侵蚀研究和实践中重点是关注小流域范围（3～50 km^2）。现实中坡面、流域的组成和形态，土壤侵蚀分析计算中均需要用合理的方式进行概括和表达，这就是本研究的重要理论基础。

3.1.2　水土保持学原理

水土保持学的核心是通过合理布局和科学利用水土保持措施，防止水土流失，保护、改良和合理利用水土资源，提高土地生产力。我国开展水土保持具有悠久的历史，逐渐探索形成了小流域综合治理理论体系，即以小流域为单元，在全面规划的基础上，合理安排农、林、牧各业用地，实行山、水、田、林、路全面规划，工程措施、生物措施和农业耕作措施优化配置，形成有效的水土流失综合防治体系，达到综合治理的目标，主要实践环节包括综合治理规划、小流域综合治理设计、综合治理实施管理、效益评价等。水土保持学原理

中，各类治理措施从根本上是为防治水土流失而采取的人为措施，措施都是针对特定的水土流失对象进行的，并且是在小流域单元这个基本空间框架内，合理规划山、水、田、林、路等各类空间要素对象，合理布设各类治理措施对象，而这些空间要素对象和治理措施对象均需通过某些空间单元对象来表达和描述，这些空间单元对象的表征就是本研究的一个重要理论需求基础。

3.1.3 自然地理学原理

自然地理学是地理学的重要方向之一，其研究内容重点是自然环境或其组成部分，研究对象主要是自然地理环境，即地球表面。自然地理学研究方法主要是通过建立科学实验站进行长期定位观测以及结合卫星遥感和地理信息系统等技术进行分析评价等手段开展研究，获取各种大范围尺度、连续性观测的自然地理数据信息，以此来研究自然地理学系统的结构、特征、成因及其发展规律，并对未来进行变化趋势预测。土壤侵蚀及水土保持均属于自然地理学的研究范畴，自然地理学领域的有关基础原理、研究方法为土壤侵蚀及水土保持有关研究提供有力理论依据，对本研究具有极其重要的参考价值和借鉴作用。在自然地理学的研究中，地理单元的确定是基础。地理单元是按一定尺度和性质将地理要素组合在一起而形成的空间单位，不同的划分标准有不同的地理单元，例如，在区域地理系统中划分的地理最小结构单元、地理基本功能单元、地理景观单元、地理景观类型单元与地理景观类型组合单元等。本研究提出的水土保持基础空间管理单元即是地理单元的一个分支和类别，其概念提出和划分实践均符合自然地理学有关基础理论原理。

3.1.4 景观生态学原理

景观生态学主要是一门地理学与生态学相互交叉的学科，其研究重点主要以景观单元为基础，研究各单元的类型组成、空间配置以及与生态学过程的相互作用。景观作为地球表面地貌、土壤、植被等各种组成成分的综合体，主要是由相互关联、相互作用的斑块单元组成。景观生态学研究中有个重要的基础理论，即源汇系统理论，主要包括“源”和“汇”两类景观。其中“源”即源头的意思，在景观生态学研究过程中“源”景观是指能够促进生态过程发展的景观单元类型，而“汇”即到头、消失的地方，景观生态学中“汇”景观是指能够阻止或延缓生态过程发展的景观单元类型。景观生态学中将景观类型划分若干景观单元，并以景观单元为基础，按照源汇系统理论开展生态过程研究，为本研究开展水土保持基础空间管理单元研究提供了有力的理论基础。开展土壤侵蚀与水土保持方面的研究和行业管理实践，也必须按照土壤侵蚀与水土保持实践需求，将地表划分若干不同尺度的空间单元，基于此空间单元进行土壤侵蚀监测评价和综合治理研究与行业管理。同时，对于水土流失研究与分析来说，基于景观生态学“源”“汇”系统原理可以分析“坡面”“沟道”水土保持斑块之间的汇流关系，分析土壤侵蚀径流、土壤流失的过程和结果，为土壤侵蚀过程研究提供新的发展方向。

3.1.5 地图学原理

地图学是基于空间信息图形来体现和表达地表实体地貌和组成要素为目的的一门地

图制作与应用的学科,主要是按照标准的可度量数据基础,以人能够认知的图形符号语言,把客观世界进行概括表现,表达地表各种自然环境和社会现象的空间分布、相关关系等。地图就是根据地图学原理,采用制图综合法记录地理空间环境信息的载体。地图成图重要的环节要素是地图概括和表达要素符号,即如何将需要表达的空间要素进行地图概括,概括到什么程度,同时用什么样的地图符号进行表达。这也是本研究所要重点解决的基础理论问题。土壤侵蚀或水土保持研究和关注的重点在地表,而代表或体现土壤侵蚀或水土保持的自然环境和社会活动要素如何进行概括表达,不同的研究和应用方向概括到何种程度满足工作需要,并以什么地图符号表达,都需要按照地图学原理来解释和研究实践。专题地图是突出而详细地表示某一种或几种主题要素或现象的地图,在水土保持行业管理和科研实践中的土壤侵蚀图、水土保持治理措施图等都是按照地图学的有关原理而形成的专题地图。水土保持基础空间管理单元作为土壤侵蚀和水土保持研究的一种对象单元,是在微观管理尺度,对土壤侵蚀和水土保持关注要素的概括表达和图形体现。

3.2 概念内涵

为统筹土壤侵蚀监测评价、水土流失综合治理环节的规划、设计、检查、验收、效益分析评价以及监督执法等需要,在以小流域单元为基本控制单元的基础上,提出"水保斑"的概念,作为水土保持管理活动的基础单元。基于以上分析,本研究提出了"水保斑"概念定义:是土壤侵蚀及其治理地理环境条件基本一致、位置相对固定、边界明确的基础空间管理单元。从"水保斑"的提出背景及概念分析,其内涵主要体现在以下几个方面。

3.2.1 特有单元

"水保斑"是根据水土保持业务特点,为满足中国水土保持行业管理活动需要而提出的特有的空间管理单元,有别于其他行业的基础空间单元。

3.2.2 微观单元

此管理单元作为在微观尺度的单元,可与水土保持类型区划、小流域单元一起形成我国水土保持行业特有的宏观到微观的空间管理体系——"水土保持类型区—小流域单元—水保斑"管理体系,以满足水土保持精细化和现代化的管理需要。

3.2.3 管理单元

本研究提出的水土保持基础空间管理单元——"水保斑",核心的作用是为行业管理与服务而建立的一种管理单元,服务于水土保持行业管理,是其主要功能定位,但同时也可以作为数据分析单元,满足相应的数据分析评价工作。

3.2.4 通用单元

该单元不是服务于土壤侵蚀监测评价、水土流失综合治理和预防监督等某一单一管理与应用需求，而是满足于各项水土保持业务需求的一种通用单元。在进行水土保持相关业务管理与应用过程中，常以此单元为基础进行属性信息扩充或边界再划分。

3.2.5 空间单元

明确区别于其他数据分析应用的概念单元，具有明确的空间边界属性。

3.3 表征特性

根据“水保斑”的概念及其内涵，表征特性主要有信息综合性、边界明确性、单元稳定性、斑块均质性等方面。

3.3.1 信息综合性

“水保斑”要综合反映土壤侵蚀监测评价、水土流失综合治理以及监督执法等业务基础信息，包括土地类型及利用现状、土壤类型、地貌形态（坡度）、植被类型（农作物除外）以及水土保持措施类型等公共综合要素，利于水土保持相关工作的统筹开展。在土壤侵蚀监测评价方面，也应综合反映水力侵蚀、风力侵蚀、冻融侵蚀等公共基础影响因子要素。

3.3.2 边界明确性

“水保斑”要有固定的边界，有一定的地表组成形态，有明确含义特征，划分出的单元要在实地上易于识别，不同尺度的图件上也能识别。在地貌形态上，为满足监测与治理需要，坡面和沟道应能分开。

3.3.3 单元稳定性

“水保斑”依据划分要素，应在一定时期内保持相对稳定，满足动态监测或监管工作的需要。因此，降水和植被盖度等变化相对频繁的要素信息不宜作为单元划分依据。相对稳定不是不变，而是随着划分要素的变化而进行变化，相应的单元属性信息也发生变化，但变化周期不宜过快。

3.3.4 斑块均质性

“水保斑”斑块单元内部相对一致，即相邻斑块个体之间有明显差别，保持相对均质性。每个“水保斑”斑块在边界保持相对均质的基础上，斑块属性信息根据土壤侵蚀监测评价、水土流失综合治理等需要，可增添其他土壤侵蚀影响因子信息和综合治理管理信息等。

3.4 层次区划

“水保斑”作为最基础的空间管理单元，其提出和建立不是孤立存在的，是水土保持空间管理的一个基础部分。水土保持行业管理和研究实践中存在的主要空间管理应用实践主要包括以下几个方面：

（1）水土保持区划和重点防治区划，其中水土保持区划主要是为确定不同区域的水土流失防治措施和生产发展方向而进行的区划，依据三级分区体系全国共划分为8个一级区、41个二级区和117个三级区；重点防治区是重点预防保护区、重点治理区的统称，主要目的是确定不同区域的预防与治理重点而进行的区划，根据水利部"两区复核划分"成果，全国共划分了23个国家级水土流失重点预防区，涉及460个县级行政单位，17个国家级水土流失重点治理区，涉及631个县级行政单位，该区划主要是以县级行政区为基本单元进行开展。

（2）行政管理划分，即国家、流域、省、市、县等5级管理，其中流域管理层级是水利以及水土保持工作特有的空间管理方式，在管理机构设置时也存在流域管理机构这一层级，一般和省界有交错。

（3）流域水系管理，这个与行政管理层级中的流域机构有重复，但按照流域水系的空间层级更多，在水利管理实践中，流域水系单元一般分为7级，在第一次全国水利普查中确定的河流水系单元最小的为50 km^2。在水土保持工作中还存在小流域管理单元的概念，例如，从本章理论基础中的土壤侵蚀学中一般汇流累积的泥沙观测都是在小流域的出口处设置卡口站，进行小流域泥沙量观测，在水土保持综合治理工作中是以小流域为单元开展山、水、田、林、路综合整治。而在最基础、最小的空间管理单元上并没有标准统一的单元划分。

上述3类水土保持空间管理之间的相互关系目前管理实践中尚未明确和统一，各自之间有交错和重叠，尚未形成规范统一的空间管理体系。

"水保斑"的建立与存在必须要依托一定的空间管理体系存在，因此"水保斑"的建立过程中，同步建立水土保持空间管理框架体系。根据水土保持行业管理需要和水土保持管理特点，该空间管理框架应该包括以下3个层级：

第一层级即宏观层级，即水土保持类型区划（重点防治区划、县级及以上行政区划），这个层级应该主要解决宏观战略制定、规划、决策等需求和目的，在实际划分中应尽量保持县级行政界线的完整性，在特殊的地区适当对县界进行分割，也应建立县界单元与相应的类型区划的关系。

第二层级即中观层级，这个层级即小流域管理单元层次，按照水土保持行业规定，一般是指3~50 km^2的流域单元。小流域单元与上级管理单元的衔接，在流域单元层面需要与国家50 km^2以上流域单元无缝衔接，保持科学合理的流域汇流汇水关系。在水土保持类型区划（重点防治区划、县级及以上行政区划）时，实际划分中应尽量保持小流域单元界线的完整性，在特殊的地区适当对小流域单元进行分割，也应建立小流域单元与相应的类型区划的空间关系。

第三层级即微观层级，即本研究提出的"水保斑"是最基础的空间管理单元，处于水土保持空间管理框架体系的最底端。该单元在空间关系上，必须要保持与小流域单元的无缝衔接，水保斑块之间也应保持正常的沟道斑块和坡面斑块的汇流关系，从而实现管理上水土保持空间管理"上下贯通、协同一致"。

3.5 最优尺度

凡是与地球参考位置有关的数据都具有尺度特性，地理空间数据具有尺度依赖性(孙庆先等,2007)。在表达方式上主要分为空间和时间两个尺度方面，在本研究中主要是指空间尺度。关于尺度的表达和含义，在不同的研究和工作领域也不一致，在测绘、地理学领域，尺度概念通过比例尺来表述，即地图上测量距离与实际距离的比率；在地理信息系统领域，通过空间数据库来表达地图的相关内容，空间数据库通过地理信息系统可以无极缩放表达，即多比例尺表达，而真正的比例尺含义体现的很弱，更多的是反映空间数据库的数据精确程度；在遥感学领域，尺度概念含义主要通过“空间分辨率”来表达和体现。

尺度划分一般分为微观、中观、宏观、超级尺度域，在地图学领域，我国一般按照比例尺划分为1∶1万、1∶2.5万、1∶5万、1∶10万、1∶25万、1∶50万、1∶100万7种比例尺的国家基本地形图。本研究关于水土保持基础空间管理单元的研究，按照层次区划原理，属于小流域层次区划的下级区划，属于微观尺度。微观尺度确定了一个相对尺度范围，但在实践工作中这个尺度范围还相对较为宽泛，尚不明确，例如1∶10万、1∶5万、1∶2.5万、1∶1万，甚至更大比例尺等，均可以对基础空间管理单元进行划分和表达，而对应遥感数据也有多种空间分辨率尺度。不同比例尺或不同空间分辨率的数据间对基础空间管理单元的表达也有很大的差异。而空间尺度转换的问题一直是科学研究和行业管理领域的难题之一，虽然现在有很多科研成果，但仍未满足生产实践的需要。基于基础空间管理单元重要的是要解决同一区域不同时期土壤侵蚀的变化规律、上下不同管理层级间土壤侵蚀评价尺度的衔接一致性，以及土壤侵蚀评价中不同尺度指标数据融合转换等问题。结合这些水土保持管理实践需要，在尺度管理方面最重要的是要确定最优尺度问题或者是基准尺度问题。

目前水土保持管理尺度有关规定，在水利部行业标准《水土保持遥感监测技术规程》《水土保持监测技术规程》中有明确规定，水土保持遥感监测成果比例尺参照《国家基本比例尺地形图分幅和编号》(GB/T 13989—2012)规定的国家基本比例尺地形图系列执行，并应符合小流域(包括大中型生产建设项目、水土保持措施)监测成果比例尺不小于1∶10 000，县(县级市、旗)监测成果比例尺不小于1∶50 000，省(自治区、直辖市)、水土流失重点预防区和重点治理区监测成果比例尺不小于1∶100 000，全国、流域性监测成果比例尺不小于1∶250 000。而在水土保持实践中，随着遥感空间分辨率的提高，实际所采用的空间尺度都在逐渐提高，我国组织开展的土壤侵蚀普查，已由20世纪80年代的第一次土壤侵蚀普查1∶50万比例尺、2000年第二次土壤侵蚀普查1∶10万比例尺、2002年第三次土壤侵蚀普查1∶10万比例尺，上升到2010年第四次土壤侵蚀普查(水利部开展的第一次全国水利普查水土保持情况普查)的1∶1万抽样调查与2 m空间分辨率遥感影像(相当于1∶2.5万比例尺)，国家级也倾向大比例尺尺度数据。而从湖北省、云南省、辽宁省等大部分省级开展土壤侵蚀调查来看，基本采用 2 m 空间分辨率的遥感影像作为调查基准。总体来看，国家、流域、省和地县级在开展土壤侵蚀调查等工作的基准尺度很接近，已不能分辨出很大的差别，而综合治理规划设计管理基本也是基于同一尺度开展的。为了保证不同管理层级调查和数据管理的衔接一致性，在空间尺度上应建立统一的基础管理尺度。水土保持基础空间管理单元基于此考虑，宜建立满足上下管理需求的统一空间尺度。

最优尺度确定多大合适，应分区域而定。层次区划的框架在国家重点治理区，也是水土保持严重区域，规划设计尺度要求 1∶1 万，最新的全国土壤侵蚀普查抽样调查中确定的尺度也为 1∶1 万，因而重点治理区域水土保持基础空间管理单元的基准尺度宜为 1∶1 万，或遥感影像为 1~2 m 空间分辨率。在国家重点预防保护区以及其他区域范围，水土保持基础空间管理单元的基准尺度宜为 1∶5 万，或遥感分辨率为 2~10 m 分辨率为宜。这个尺度是指基准尺度，也就是确定水土保持基础空间管理单元主要划分指标数据的基础尺度，而一些相当次要指标数据难以获取到相应尺度数据时，可以通过尺度转化的方式获取到相应尺度的指标数据，即使尺度转化存在一定的误差也不影响评价和规划设计工作的实质。最优尺度确定中，除基本空间尺度外，还有最小上图面积的确定比较关键。最小面积是基于地图学中的地图概括原理，依据相应的比例尺而确定的地表单元最小的面域图斑表达面积。根据《水土保持遥感监测技术规范》，各类信息的最小成图图斑面积应为 4 mm^2，条状图斑短边长度不应小于 1 mm。

3.6 表征模式

表征模式是指采用何种数据结构对所要表达的对象要素进行组织体现。数据结构即描述表达地理实体的数据组织方法，是地理实体要素在空间分布排列的方式及其相互关系的概化描述。同样的地理实体数据采用不同的空间数据结构进行表达处理，所获得的表现形式和分析结果截然不同。目前常用的空间数据结构主要包括矢量模型结构和栅格模型结构两种类型，这两种数据结构都可以按照点、线、面 3 种方式对空间地理实体进行表达，在水土保持研究与生产实际中都较为常用。矢量模型数据结构是将地理实体的位置信息通过在坐标参考系统中的坐标信息来表达，空间点实体通过点位置的点坐标表达，空间线实体通过一连串点位置坐标信息表达，多边形面实体通过闭合的一连串位置坐标信息表达，该数据结构表达的空间体现形式与现实地理实体之间具有良好的可视性一一对应关系。栅格模型数据结构是将空间实体按照一定的规则划分为若干正方形栅格单元，地理空间实体的位置信息主要是通过其所在栅格的行与列来定义表达，栅格单元的属性值表达了相应位置上地理实体的类型或状态信息。栅格模型中的空间单元是栅格。

矢量结构和栅格结构各有优势与劣势，在实际工作中根据应用需求进行选择确定。对于水土保持基础空间管理单元的表征模式来说，其核心是为管理实践服务的，在实际应用中更多的是为满足水土保持日常管理需要，而矢量模型表达的空间体现形式与现实地理实体之间具有良好的可视性一一对应关系，能够直观地表达土壤侵蚀现状与治理措施实体；从数据结构比较来看，矢量数据结构的优点为数据量小、结构紧凑、数据冗余程度比较低，对地表空间表达直接、精度高，从水土保持动态变化的应用来看，基于矢量图形和属性数据，容易进行数据的动态更新、时空综合分析，基于固定矢量单元的动态变化分析较栅格单元的动态分析较为稳定，可提高动态变化分析的精度要求；从生产实践方面看，在以往的实践经验中土壤侵蚀评价矢量与栅格结构的数据都存在，综合治理规划设计方面主要是以矢量数据结构为主，图形输出美观，矢量数据结构易被水土保持行业管理人员接受。基于上述综合分析论述，水土保持基础空间管理单元的表征模式以矢量结构（矢量模型）表达为最佳选择。

第 4 章　基础空间管理单元划分指标获取关键技术研究

科学、精确、高效开展斑块单元划分是决定"水保斑"真正得到实践与应用的关键。科学划分斑块的首要问题是科学确定斑块划分的指标体系,并针对每项划分指标研究提出获取的思路与关键技术方法。本研究基于"水保斑"原理与特性,确定指标选取原则,围绕选取原则全面梳理水土保持监测评价、综合治理和预防监督等方面管理需求,从而综合确定斑块划分指标体系,并分别研究,提出相应的指标获取方法。

4.1　指标体系构建

4.1.1　指标选取原则

"水保斑"划分指标是其边界确定的依据。指标选取的数量与质量是斑块划分的关键所在。在选取"水保斑"划分指标时,必须遵循以下原则:

(1)全面与重点相结合原则。"水保斑"从根本上来说是为水土保持监测、治理、监督等业务工作服务的,因此斑块划分指标选取必须综合考虑影响水土保持监测、治理、监督等各类业务需要。同时在综合分析的基础上,也要突出业务之间的重点、业务内指标的重点。

(2)空间和属性相结合原则。各类业务需求的斑块指标在表达方面主要分为两类,一类指标是基于"水保斑"原理用于斑块单元划分,另一类指标是通过斑块单元的属性信息进行表达,两者相互结合共同形成"水保斑"整体信息。

(3)稳定和动态相结合原则。"水保斑"要在一定时期内为水土保持行业管理提供依据,划分指标在一定时期内也应保持相对的稳定性,同时也要兼顾一些必要动态指标的处理方式。

(4)普遍与区域相结合原则。不同水土保持类型区域影响土壤侵蚀与水土保持的因素也是不相同的。斑块划分指标选取既要满足区域普遍性特点,同时也要满足区域的特殊性。

4.1.2　不同应用需求指标分析

4.1.2.1　监测评价指标需求

水土保持监测是指对水土流失发生、发展、危害及水土保持效益进行长期的调查、观测和分析工作。通过水土保持监测,摸清水土流失类型、面积、强度、分布及其影响情况、发生发展规律、动态变化趋势,为水土流失综合治理和生态环境建设宏观决策提供科学依据(郭索彦,2010)。水土保持监测既要服务于国家和大江大河,也要服务于省、市、县和中、小流域以及生产建设项目;既要为各级政府决策和社会经济发展提供信息服务,也要

满足社会公众的知情权、参与权与监督权。因此，水土保持监测应遵循宏观监测和微观监测相结合的原则，根据服务对象的实际需求，科学合理地确定监测的范围、尺度、重点内容和详细程度。水土保持监测可分为宏观监测、中观监测和微观监测，不同尺度和对象的水土保持监测内容和重点各不相同。

(1)区域水土保持监测。区域水土保持监测内容包括水土流失影响因素、水土流失状况、水土保持效益和水土流失危害等4个方面。水土流失影响因素包括自然因素和人为因素两大方面。影响水土流失的自然因素主要包括气象(如降雨、风速风向、温度等)、地形地貌、土壤以及植被覆盖等4个方面；影响水土流失的人为因素主要包括土地利用、水土保持措施、生产建设活动扰动等。人为因素是水土流失加剧的主要原因，如滥垦、滥伐、滥牧等植被破坏，陡坡开荒、顺坡耕作等坡耕地垦殖，开矿、修路等生产建设活动而未采取必要的水土流失防治措施，都会导致水土流失加剧。相反地，在水土流失严重地区，通过科学、合理地布设水土保持防治措施，如陡坡耕地修建水平梯田、荒山荒坡实施疏林补植和生态修复工程、传统顺坡耕作改成横坡耕作等水土保持工程、生物和耕作措施的实施，均能有效减轻土壤侵蚀强度。区域尺度水土保持监测正是通过对监测区域的各项水土流失影响因素实施长期、动态的监测，包括降雨、地形地貌、土壤、植被覆盖、土地利用、水土保持措施、生产建设人为活动等，进而客观评价土壤侵蚀状况及其影响。水土流失状况监测包括土壤侵蚀类型、形式、分布、面积、强度等；水土保持防治效果监测包括蓄水保土、增加植被覆盖度等防治效果；水土流失危害监测包括由于水土流失引起的土地生产力下降、泥沙淤积、洪水危害、水土资源污染、植被与生态环境变化等危害监测。

(2)中小流域水土保持监测较区域监测而言，除数据精度要求更高外，还增加了以下监测内容：一是小流域特征值监测，包括流域长度、宽度、面积、地理位置、海拔高度、地貌类型、土地及耕地的地面坡度组成等；二是小流域内气象要素监测，包括年降雨量及其年内分布、雨强，年均气温、积温和无霜期等；三是土壤监测，包括土壤类型、土层厚度、土壤质地及理化性状等；四是社会经济状况监测，包括小流域内人口、劳动力、经济结构和经济收入等。

(3)专项监测是根据特定目的，对特定区域水土保持某个专题或对象进行监测，包括黄土高原淤地坝监测、东北黑土区和黄土高原侵蚀沟监测、西南地区岩溶石漠化监测、南方红壤丘陵区崩岗侵蚀监测、水土保持专项措施调查、生产建设项目水土保持监测等。这类监测因监测对象的特征不同、监测目的不同，在监测内容和指标的设定方面差别也很大。如黄土高原区淤地坝监测，在宏观上主要监测淤地坝的数量、分布情况以及建设动态，而具体到某个典型淤地坝，监测指标则包括淤地面积、淤积量、蓄水量等，以及与坝体渗透、沉陷和稳定有关的其他指标及淤地坝防治效益等，其监测内容较区域监测针对性更强，监测内容和指标也更为具体。具体评价指标如表4-1所示。

基于"水保斑"的特性及划分指标确定原则，对水土保持监测评价业务所需求的指标进行综合分析：

(1)从全面与重点性角度看，区域水土流失监测主要包括水土流失定期调查(普查)、水土流失动态监测等工作，是监测评价工作的重点所在，也是"水保斑"斑块划分所要重点满足的需求。小流域监测一般是以小流域单元为评价对象开展有关监测，"水保斑"斑

表 4-1　水土保持监测评价指标

<table>
<tr><th>序号</th><th colspan="2">监测对象</th><th colspan="2">监测内容与指标</th></tr>
<tr><td rowspan="4">1</td><td colspan="2" rowspan="4">区域监测</td><td>水土流失影响因素</td><td>降雨、风速风向；坡度坡向、土壤类型、植被覆盖、土地利用、水土保持措施、生产建设人为活动等</td></tr>
<tr><td>水土流失状况</td><td>土壤侵蚀类型、面积、强度和分布</td></tr>
<tr><td>水土保持防治效果</td><td>蓄水保土、增加植被覆盖度等</td></tr>
<tr><td>水土流失危害</td><td>土地生产力下降、湖库淤积</td></tr>
<tr><td rowspan="4">2</td><td colspan="2" rowspan="4">小流域监测</td><td>小流域特征值</td><td>流域长度、宽度、面积、海拔、地貌类型、土地及耕地的地面坡度组成等</td></tr>
<tr><td>气象要素</td><td>年降雨量及其年内分布、雨强，年均气温、积温和无霜期等</td></tr>
<tr><td>土壤监测</td><td>土壤类型、土层厚度、质地及理化性状等</td></tr>
<tr><td>社会经济状况</td><td>人口、劳动力、经济结构和经济收入等</td></tr>
<tr><td rowspan="2">3</td><td rowspan="5">专项监测</td><td rowspan="2">黄土高原淤地坝监测</td><td>建设状况</td><td>淤地坝的数量、分布情况以及建设动态</td></tr>
<tr><td>运行状况</td><td>淤地面积、淤积量、蓄水量等以及与坝体渗透、沉陷和稳定相关的指标等</td></tr>
<tr><td rowspan="2">4</td><td rowspan="2">崩岗监测</td><td>崩岗分布</td><td>崩岗的数量、分布情况</td></tr>
<tr><td>崩岗特征</td><td>崩岗类型、规模、形态</td></tr>
<tr><td>5</td><td>侵蚀沟监测</td><td>侵蚀沟分布特征</td><td>侵蚀沟数量、分布、规模、形态</td></tr>
</table>

块划分中应充分体现小流域单元的有关空间关系与特性，其他监测内容指标可通过“水保斑”斑块空间与属性信息来整体组合反应和表达。专项监测主要是针对特殊地区的单项监测工作，“水保斑”斑块划分不专门针对此类监测进行考虑，但在开展专项监测过程中可以综合应用“水保斑”斑块有关基础数据进行细化或辅助进行专题分析。

（2）从空间与属性特性角度看，用于划分“水保斑”的空间指标主要体现在水土流失影响因素类指标中，水土流失状况、水土保持防治效果及水土流失危害等内容指标主要为分析评价结果类指标，不属于基础类指标。水土流失影响因素类指标中，按照空间性原则，降雨等水文气象类指标属于土壤侵蚀动力指标，不属于地表空间类指标，不作为“水保斑”斑块划分指标。土壤指标中，土壤类型指标其空间性表达较强，可作为“水保斑”斑块划分指标，而土壤质地及理化性质等其他指标可以作为属性信息进行表达。

（3）从稳定与动态性角度看，植被覆盖度指标随年度植物生长变化动态性较强，不具备相对稳定性要求，因此不作为“水保斑”斑块划分指标。

综上，水土保持监测评价对“水保斑”指标需求归纳为：小流域单元（流域分水线），土地利用类型、土壤类型、坡度坡向、水土保持措施类型、生产建设人为活动区域。

4.1.2.2 综合治理指标需求

水土保持综合治理是在综合调查的基础上，按照土壤侵蚀规律和经济社会发展的需要，基于统一的规划和设计，合理调整土地利用方式，因地制宜地实施控制土壤侵蚀的工程措施、植物措施和生物措施，形成科学合理的水土流失综合防治体系，推进实现水土资源的合理保护、改良和利用。水土保持综合治理的影响因素包括自然条件、自然资源、社会经济情况、水土流失情况、水土保持现状等。自然条件包括地形、土壤、植被和气象因素等；自然资源包括土地资源、水资源、生物资源、光热资源、矿藏资源等；社会经济情况包括人口、劳力、土地利用、农业各业生产、粮食与经济收入（总量和人均值）、燃料、饲料、肥料情况、群众生活水平、人畜饮水情况等；水土流失情况包括水土流失类型、强度和侵蚀量等；水土保持现状包括各项治理措施的分布、数量、质量、效益等。自然资源、社会经济情况（除土地利用外）等影响因素适用于大中流域或省、地区、县水土保持综合治理项目，以小流域为单元的水土保持综合治理主要考虑自然条件、土地利用类型、水土流失情况、水土保持现状等。具体指标如表 4-2 所示。

表 4-2 水土保持综合治理指标

序号	内容	指标
1	地形地貌	流域面积
2		流域形状（流域长度和宽度）
3		沟道长度
4		沟壑密度（流域沟道总长度/流域总面积）
5		流域切割裂度（沟壑面积占流域总面积的比例）
6		沟底宽度
7		沟谷坡度
8		坡长
9		坡度
10	水文和气象	年降雨量
11		年降雨量的季节分布
12		暴雨出现季节、频次、雨量、最大强度暴雨占年降雨量比重、一般强度暴雨占年降雨量比重
13		年均气温、季节分布、最高气温、最低气温、大于等于 10 ℃积温
14		无霜期、早霜、晚霜起讫时间
15		年蒸发量
16		年平均风速、主导风向、主害风向
17		风速的季节分布
18		最大风速、沙尘暴天数

续表 4-2

序号	内容	指标
19	土壤	土层厚度、土壤质地、容重、孔隙率、氮含量、磷含量、钾含量、有机质含量
20	植被	天然林区分布、主要树种、林分、群落
21		草原分布、草类、群落
22		郁闭度(盖度)
23		植被覆盖度
24	土地资源	土地利用现状
25	水土流失情况	土壤侵蚀类型、强度
26	水土保持现状	治理措施类型、分布

基于"水保斑"的特性及划分指标确定原则,对水土保持综合治理业务所需求的指标进行综合分析:

(1)从全面与重点性角度看,水土保持综合治理是以小流域为单元的综合治理,其关注的重点既包括小流域内各地表单元的状况,同时对以小流域为单元的整体情况也需要进行评价分析,因而地形地貌类指标中,小流域单元(流域分水线)、沟道线、坡度坡长等指标均为重要的"水保斑"斑块划分指标。

(2)从空间与属性特性角度看,自然资源情况中水文和气象等指标、社会经济类指标不属于地表空间类指标;水土流失情况为分析评价结果类指标,不属于基础类指标,不作为"水保斑"斑块划分指标。土壤指标中,土壤类型指标其空间性表达较强,可作为"水保斑"斑块划分指标,土层厚度、土壤质地、容重、孔隙率、氮含量、磷含量、钾含量、有机质含量等数据需要通过实地调查获得,工作量大,这些指标内容根据具体工作需求和相应方法手段获取后以斑块属性信息进行表达。沟壑密度、流域切割裂度等属于分析计算类指标,作为小流域单元的属性信息进行体现,不作为"水保斑"斑块划分指标。

(3)从稳定与动态性角度看,植被覆盖度和郁闭度指标随年度植物生长变化动态性较强,不具备相对稳定性要求,不作为"水保斑"斑块划分指标。

综上,水土保持综合治理对"水保斑"指标需求归纳为:小流域单元(流域分水线)、沟道线、坡度坡长、植被类型(林草植被类型)、土壤类型、土地利用类型、水土保持治理措施类型。

4.1.2.3 预防监督指标需求

水土保持预防监督是有效遏制人为水土流失、保护水土保持生态环境的重要手段,其目的是对可能产生水土流失的各类生产建设项目和人为活动实行严格监督管理,最大限度地减少人为水土流失产生的危害。按照 2010 年新修订的《中华人民共和国水土保持法》,预防监督管理重点内容包括生产建设项目水土保持方案审批、建设单位实施、监理监测技术支撑、水行政主管部门事中事后监管、建设单位自主验收、验收核查和监督执法等，其中重点以生产建设项目水土保持全流程监督管理为核心。

生产建设项目分为施工准备期、工程建设期、试运行期3个时期，每个时期水土保持监督管理关注的指标有所不同。施工准备期重点关注生态环境本底状况；工程建设期关注扰动土地情况、取土（石、料）弃土（石、渣）情况、水土流失情况、水土保持措施，试运行期关注水土流失防治效果。具体指标如表4-3所示。

表4-3　水土保持预防监督指标

时段	内容		指标
施工准备期	生态环境本底状况	地形地貌	地貌类型
			坡度分级
		地理位置	经纬度等
		地面组成物质	地面组成物质类型及分布
		水文气象	气候、温度、降水、河流水系等
		土壤	土壤类型、质地等
		工程措施	类型、数量等
		植被	植被类型、分布、面积、林草覆盖率
		土地利用	土地利用类型、分布、面积
		水土流失状况	土壤侵蚀类型、强度、分布等
			水土流失背景值
			土壤流失量
工程建设期	扰动土地情况	地表扰动情况	扰动形式、宽度、面积、范围、防治责任范围变化
		土地整治情况	整治方式、面积、范围
		土地利用	土地利用类型、分布、面积
	取土（石、料）弃土（石、渣）情况	取土（石、料）监测	取土（石、料）位置、面积，大型水保措施
			其他水保措施
			取土（石、料）量
		临时堆放场	堆积物位置、地貌类型
			堆积物体积、类型，防治情况
		弃土（石、渣）监测	弃土（石、渣）位置、面积，大型水保措施
			其他水保措施
			弃土（石、渣）量
	水土流失情况	水土流失面积	水土流失位置、面积、范围
		土壤流失量	土壤流失量发生的部位、时间及数量

续表 4-3

时段	内容		指标
工程建设期	水土流失情况	取土(石、料)、弃土(石、渣)潜在土壤流失量	潜在土壤流失量发生的部位、时间及数量
		水土流失危害	水土流失位置、面积、范围
			危害形式、体积、毁坏程度等
	水土保持措施	工程措施	大型以上工程措施位置、规格尺寸、措施类型
			其他工程措施位置、规格尺寸、措施类型及所有工程措施的开工完工日期、数量、运行状况、防治效果等
		植物措施	措施类型、位置、面积
			开工完工日期、数量、覆盖度、郁闭度、成活率等
		临时防治措施	大型地面以上临时措施位置、规格尺寸、措施类型
			其他临时措施位置、规格尺寸、措施类型及所有工程措施的开工完工日期、数量、运行状况、防治效果等
试运行期	水土流失防治效果	扰动土地整治率	防治措施面积(植被+工程)、永久建筑物及硬化面积、土地整治面积(恢复农地+土地整平)、扰动土地总面积
			监测分区扰动土地整治率、项目建设区扰动土地整治率
		水土流失总治理度	防治措施面积(植被+工程)、水土流失总面积
			监测分区水土流失总治理度、项目建设区水土流失总治理度
		林草植被恢复率	可恢复林草植被面积、已恢复植被面积
			林草植被恢复率
		林草覆盖率	植被面积
			林草覆盖率
		土壤流失控制比	容许土壤流失量、监测土壤流失量
			土壤流失控制比
		拦渣率	实际拦挡弃土(石、渣)量、总弃土(石、渣)量
			拦渣率

基于“水保斑”的特性及划分指标确定原则,对水土保持预防监督业务所需求的指标进行综合分析:

(1)从全面与重点性角度看,水土保持监测评价及综合治理是水土保持行业管理的主要内容,需要直接对各环节与过程进行空间管理,空间表达的需求比较强。预防监督管理主要是面向社会的人为经济活动扰动的管理,侧重于监督管理,虽然也需要按照一定的空间进行表达，但其属于在生产建设活动空间范围内更为微观的空间管理，这些空间管理更多的是侧重于生产建设活动责任主体为主的管理。作为水土保持行业监督管理，应重点关注生产建设活动防治责任范围，而防治责任范围属于按照行政审批确定的管理边界，不属于直接与地表对应的空间单元，应作为与"水保斑"并行的一类管控单元。"水保斑"划分应重点关注其生产建设活动的生态环境本底状况、扰动状况及其防治情况。

（2）从空间与属性特性角度看，水文和气象等指标不属于地表空间类指标；从水土流失情况、水土流失防治效果可知上述大多数指标均是分析计算类指标，不参与"水保斑"划分。

（3）从稳定与动态性角度看，水土保持预防监督类指标随生产建设活动过程而快速变化，因而大部分空间性指标的相对稳定性较差，因而不符合"水保斑"的特性与斑块划分原则。但"水保斑"开展预防监督管理过程中，可基于"水保斑"数据进行生态环境本底状况评价，结合"水保斑"更新数据辅助进行人为扰动监管与地表扰动动态分析。

综上，水土保持预防监督对"水保斑"指标需求归纳为：生产建设活动人为扰动边界、土地利用类型、土壤类型、植被类型、水土保持治理措施类型等。

4.1.3 斑块综合划分指标确定

"水保斑"的划分旨在为水土保持监测、治理、监督等各业务环节提供共同的基础工作单元，保障各业务活动相互之间的对应与衔接；为水土保持动态监测与监管构建科学可靠的本底数据，实现水土保持动态变化追溯；为土壤侵蚀量/强度数据获取及土壤侵蚀变化原因查找提供数据支撑；为水土保持规划与区划提供数据支撑和参考。

综合前述水土保持监测评价、综合治理和预防监督3类业务需求，用于"水保斑"划分指标交集为：小流域单元（流域分水线）、坡度坡向、沟道线、土地利用类型、土壤类型、植被类型（林草植被类型）、水土保持治理措施类型、生产建设活动人为扰动边界。其中，水土保持治理现状措施、生产建设活动人为扰动边界属按照水土保持行业管理需求的一种特殊土地利用类型，在实际"水保斑"划分中归入土地利用类型。坡度坡向指标在实际分析提取过程中，主要有两种模式，一种是基于栅格计算的体现方式，即以栅格为单元的坡度坡长空间分布图，按照"水保斑"的表征模式原理，此种方式不符合表征需要；另一种方式是基于某一矢量单元的坡度坡长值空间分布图，此方式是将坡度坡长作为一种空间属性体现在矢量空间单元之中，本研究采用此种方式作为坡度坡长指标，因此不再单独作为"水保斑"划分指标。另外，针对不同侵蚀类型区的特点进行分析，西北黄土高原区、东北黑土区、北方土石区、南方红壤区、西南岩溶区等区域特点均可通过土地利用、植被类型等进行体现，西北黄土高原区根据其地貌特点，重点将沟缘线指标单独作为西北黄土高原区"水保斑"单元划分的特殊指标。最终，作为"水保斑"斑块的划分指标为土地利用类型、植被类型、土壤类型、流域分水线（流域单元）、沟道线5类指标，以及西北黄土高原地区增加沟缘线指标，具体详见表4-4。

表 4-4 “水保斑”划分指标

序号	内容	指标
1	土地利用	土地利用类型(含水土保持治理措施类型、生产建设活动扰动类型)
2	植被	植被类型
3	土壤	土壤类型
4	地貌	流域分水线(流域单元)
5		沟道线
6		沟缘线(西北黄土高原)

4.2 土地利用、植被类型指标提取

土地利用和植被类型两类指标由于存在一定的交错和重合,同时在获取方法上相近,因此本研究将两类指标放在一起综合进行分析研究。

4.2.1 指标范畴定义

4.2.1.1 土地利用指标

土地利用类型是“水保斑”中的重要因素之一,要求其能够支撑土壤侵蚀监测评价、水土流失综合治理和水土保持预防监督业务的开展。在土壤侵蚀调查评价中,土地利用是重要的土壤侵蚀评价输入因子;在水土流失综合治理项目中土地利用现状不仅是初步设计的重要依据,同时也是综合治理项目竣工验收时土地利用结构调整情况分析的重要依据;在水土保持监测、监督业务中,土地利用类型不仅是项目背景数据,更是项目扰动土地情况监测的重要内容。

目前,不同领域建立的土地利用分类标准存在共同点,同时也具有一定的差异性。在水土保持业务范畴内,不同的项目或不同的研究人员采用的土地利用分类方式也存在一定的差异。不同的分类体系针对特定的研究领域和研究尺度,没有统一标准,兼容性差,造成空间的可对比性、可扩展性、可共享性大幅降低。这种情况不利于我国开展土壤侵蚀调查评价,也不利于综合管理及规划等工作的开展。因此,有必要综合现有的土地利用分类方式,充分考虑水土保持不同业务方向的需求,依据土地类型、植被覆盖、地形、坡度、水土保持措施等土地的综合特征,遵循多级性、独立性、开放性、统一性原则,建立一套基于高分辨率遥感数据和野外调查的适用于“水保斑”划分的土地利用分类体系。

通过对比现有的土地利用分类标准发现,目前现行标准的一级类中在植被区域的分类基本一致,主要包括耕地、园地、林地和草地 4 大类。在非植被区域,不同部门对土地利用关注的侧重点存在差异,因此在类别名称和划分层次上存在一定的差异,基于类别的内涵基本一致,比如国土部门主要关注或强调土地的用途,而水利部门关注土地覆盖类型以及用地类型对水土流失的影响等方面。本分类标准结合土地管理部门现用的土地利用分类标准和水土保持方面现行土地利用分类标准,重点基于水土保持业务需求,进行本研究土地利用类型的分类体系构建。本分级系统采用3层结构，一级分类和二级分类适用于全国范围，以便于实现分类数据的比较和共享，为建立水土保持土地利用评价数据库服务；三级分类是在二级分类基础上的灵活扩展，适用于不同尺度和对象的研究，提高了分级系统的科学性和实用性。

1.植被区域类型

植被区域包括耕地、林地、园地、草地等区域，对于土壤侵蚀属于抑制水土流失的因素，但由于植被类型、植被覆盖度、植被管理方式、地形等的差异在水土保持的作用也存在差异，因此本研究土地利用分类标准在充分考虑上述因素的基础上，进行了植被区域土地利用类型的划分。

(1)耕地。在现行的土地利用标准中，耕地又被划分为水田、水浇地、旱地和菜地等几类。其中菜地和水浇地在分类上存在一定的重复，因此菜地不再单独分类。而水田、水浇地和旱地在作物种植类别、管理方式以及水土保持治理措施上存在一定的差异，对土壤侵蚀的影响也存在差异，因此耕地中有必要将其分开。同时旱地中的旱平地、梯田、坡耕地和沟川坝地，在地形因素、土壤侵蚀和综合治理方面存在差异，也有必要分开，依次形成本研究土地利用分类标准中的耕地分类方式，见表4-5。

表4-5 “水保斑”划分土地利用分类——耕地划分

一级类		二级类		三级类	
编码	名称	编码	名称	编码	名称
1	耕地	11	水田		
		12	水浇地		
		13	旱地	131	旱平地
				132	梯田
				133	坡耕地
				134	沟川坝地

(2)园地。园地的分类在各个标准中基本一致，主要是按照园地的经营方式划分为果园、茶园和其他园地等。由于不同园地种植作物以及管理方式的差异，对土壤侵蚀的影响不同，如在园地的水土流失现状调查中发现区域内茶园的水土流失面积最大、果园次之(王维明等，2005)，导致该现象的主要原因包括园地的地理位置、开发时的整地方式、作物种类、作物的管理方式等。由此可见，不论是从对土壤侵蚀的影响还是综合治理的角度都有必要将其分开。具体分类见表4-6。

(3)林地。对于林地的划分，主要集中在是否将其他林地划分为疏林地、有林地和其他林地。从土壤侵蚀的角度分析，林地的二级分类土壤侵蚀指数各不相同。从可操作性分析，灌木林地、疏林地、幼林地在中高分辨率的影像上也难以直接判读或者通过算法提取，需要结合外业调查和专业的知识背景才可得到，可复制性不强。因此，幼林地和疏林地可以归并至其他林地的三级类。林地可分为有林地、灌木林地和其他林地。具体分类见表4-7。

表 4-6 “水保斑”划分土地利用分类——园地划分

一级类		二级类		三级类	
编码	名称	编码	名称	编码	名称
2	园地	21	果园		
		22	茶园		
		23	其他园地		

表 4-7 “水保斑”划分土地利用分类——林地划分

一级类		二级类		三级类		备注
编码	名称	编码	名称	编码	名称	
3	林地	31	有林地			可根据需要按照相关标准划分
		32	灌木林地			
		33	其他林地			可根据需要按照相关标准划分

(4)草地。从天然草地和人工草地在土壤保持生态服务功能上的差异分析,有必要将其分开,但通过遥感技术手段识别的角度分析,难度较大。同时草地的不同植被覆盖度的水土保持作用存在差异,草地的植被覆盖度越高,水土保持作用越明显,且通过遥感技术手段提取植被覆盖度的技术较为成熟,可操作性强。综合上述分析,本研究从植被覆盖度等级方面将草地分为高覆盖、中高覆盖、中覆盖、中低覆盖、低覆盖 5 类,见表 4-8。

表 4-8 “水保斑”划分土地利用分类——草地划分

一级类		二级类		三级类		备注
编码	名称	编码	名称	编码	名称	
4	草地	41	高覆盖			植被覆盖度>75%的草地
		42	中高覆盖			植被覆盖度 60%~75%的草地
		43	中覆盖			植被覆盖度 45%~60%的草地
		44	中低覆盖			植被覆盖度 30%~45%的草地
		45	低覆盖			植被覆盖度<30%的草地

2.非植被区域类型

非植被类型指除了耕地、林地、园地和草地的其他未分类对象,从现行的土地分类标准分析可归并城镇村、采矿、交通运输、水域及水利设施和其他用地等。

（1）水域及水利设施用地。为大面积的水面及其水工建筑，不会对土壤侵蚀造成影响，并且部分人工水域或水利设施是为保护水土资源构建的治理措施，是综合治理项目关注的对象之一。本研究将水域及水利设施用地划分为水面及水工建筑、滩涂和永久积雪，如果有特殊需要，可在此基础上做进一步的划分。

（2）交通运输用地。多为硬化不透水面和附属的绿化植被，对土壤侵蚀的影响较小，因此本研究不再对交通运输用地做进一步的划分。

（3）城镇村用地。城镇村为综合单元，内部包含建筑、硬化地面、绿地以及人们生产生活的其他附属设施，相对交通运输用地对土壤侵蚀的影响略大，但总体上的影响还是微小的，同时基于高分遥感解译的操作性分析，不再对城镇村用地做进一步的划分。

（4）采矿用地。为生产类建设项目区域，频繁的生产活动导致水土流失的可能性增大，是水土保持监管重点关注区域之一。本研究分类标准不再做进一步的划分，如果有特殊需要，可根据相关规定在此基础上做进一步的细分。

（5）其他用地。指上述用地类型不包含的区域，是在生产、生活中未利用的土地类型，主要包括田坎、盐碱地、沙地、沼泽地、裸土和裸岩。

综合所述，将土地利用类型重新划分为9个一级类、23个二级类，作为“水保斑”划分的土地利用分类体系，且本研究分类体系是一个可根据不同业务需求进行灵活扩展的分类体系，用户可在体现土地利用的基础上，将面状的水土保持治理措施和生产建设项目的类型及建设情况等信息融入土地利用类型中的扩展类或备注信息中，以保障“水保斑”的信息综合性。

4.2.1.2　植被类型指标

植被具有涵养水源、保持水土的重要作用，不同植被类型作用与功效也有很大不同。众多学者针对不同植被类型对水土保持功能及生态效益开展了研究，普遍将植被类型归并为乔木、灌木、草和耕地（坡耕地）等几类，由于研究区域和研究植被类型的差异，目前对植被类型及其覆盖度与土壤侵蚀之间尚未有统一明确的定量关系（李丽辉等，2007）。《土壤侵蚀分类分级标准》（SL 190—2007）中土壤侵蚀强度计算因子中与植被相关的因素包含坡耕地、林草以及林草的植被覆盖度。中国土壤流失模型CLSE中，涉及植被的模型输入因子、植被覆盖度与生物措施因子，因子的获取方法为结合植被覆盖度和土地利用类型进行因子赋值或计算，其中涉及因子计算的土地利用类型为园地、林地、草地，其他土地利用类型直接根据植被覆盖度赋值即可。同时，林地、园地、草地也是水土保持重要的治理措施，其空间配置模式也是水土保持综合治理项目设计的重要内容之一。综上，本研究根据不同植被类型的水土保持功能，充分考虑土地利用分类体系，将植被类型划分方式与土地利用类型相结合，划分为乔木、灌木、草和农作物4种类型。其中，乔木对应土地利用类型中的有林地和其他林地，灌木对应灌木林地，草对应草地，农作物对应耕地和园地。因此，本研究中植被类型指标均将相应地对应于土地利用类型指标合并归类。

4.2.2　指标提取方法

土地利用、植被类型等指标信息的获取手段主要是基于遥感技术自动或人机交互方式分析提取。遥感技术具有探测范围广、获取信息快、信息含量大等优势，自20世纪70

年代以来作为一种重要的技术手段,在土壤侵蚀普查以及水土流失动态监测等工作中广泛应用。随着中国高分辨率对地观测系统等重大工程的实施,高分遥感数据成为主要的数据源在土壤侵蚀监测与评价中普遍应用。同时,高分遥感技术应用还存在一些问题亟待解决,高分遥感信息提取自动化算法区域适用性差,遥感信息提取成果多期动态误差波动性大,遥感信息提取与土壤侵蚀监测与评价业务的融合集成性差,整体应用效率不高,不能满足当前监测全覆盖、多频次工作需要。“水保斑”划分拥有繁重的工作量,是提升划分效率重要考虑因素。本研究基于遥感手段进行土地利用、植被类型等指标的提取方法,重点针对上述遥感应用的难点问题以及提升效率工作需求,引入系统工程学原理与方法,将遥感技术应用指标提取作为一个整体进行考虑,提出建立一种工程化应用模式,提升整体应用效率和水平,满足常态化、业务化和工程化提取应用需要。

4.2.2.1 模式的系统工程学阐释

1.工程化模式的概念内涵

基于高分遥感技术开展土地利用与植被类型指标提取,涉及高分遥感信息预处理、指标信息要素提取与后处理及其相应的系统构建、基础设施环境建设等多要素环节,其工程化模式构建主要是基于系统工程学原理,将其作为一个系统进行整体研究,系统梳理该系统现实问题及逻辑关系,将高分遥感技术与相应指标提取分析有机融合,按照整体化、规范化、流程化、定量化等原则和方法,合理构建和配置系统相关组成要素,形成一套高效稳定的工程化业务应用模式。

2.工程化模式的主要特性

从系统工程学的角度说,任何系统都有一些基本的性质和特性(汪应洛,2007)。根据工程化模式的概念内涵,该模式具有5个方面特性:①整体性,在高分遥感信息预处理、指标信息要素提取与后处理整个过程中人为经验参与、系统应用、设备环境建设等需要保持整体的协调一致;②稳定性,遥感信息提取经验知识和方法保持相对稳定,减少人为经验差异带来的误差和不确定性,保持指标分析提取成果的连续性和稳定性;③高效性,模式各环节的衔接转换顺畅、集成高效;④量化性,可量化环节应进行定量化约束,使相应环节量化、可控;⑤实用性,模式各环节要素简单实用、可操作性强。

4.2.2.2 模式的总体框架

该模式主要包括工程化综合知识库、信息提取算法集、应用集成3个核心要素:基于水土保持三级区划和县级行政区划并行融合的空间管理框架体系,将指标信息与专家知识进行规范和固化,构建高分遥感样本、遥感信息提取算法与参数等分类型、分区域知识库体系;针对不同的高分遥感信息提取目标对象,分区域建立以模型与算法为核心的信息提取算法集,获取针对相应区域特点的相对稳定的算法控制参数,辅助专家知识与后处理软件工具集,形成一套规范、固化、可重复应用的高分遥感信息快速提取方法体系;以综合知识库构建和信息提取算法集为核心,实现知识库和信息提取算法应用软件工具化,将各环节作为整体,对基础数据、应用软件系统和基础信息设施设备环境等相关环节进行有机集成。3个要素之间相互联系、相互互动、相互支撑、紧密融合,形成工程化应用不可分割的有机整体。模式总体框架如图4-1所示。

田、裸地、沙地、水上保持林、水土保持种草等12个二级类的分类体系。分析目标地物的光谱属性、形状信息、纹理特征、空间位置等方面的特征,获得不同分类目标的算法及其特点,在此基础上构建分类方案的比选模型,确定满意的分类策略。本模式解决了图斑琐碎且分类精度低的问题,因此精度可达到"非常满意"的级别,时间耗损达到"满意",对于有一定知识经验的人而言技术难度也可以达到"满意",综合效益为2.9。

按照上述的分类策略,对各地物目标进行提取,对计算机辅助分类后的影像采用分层随机抽样的方式选取样本点,判断样本点的分类属性和真实属性,然后通过采用混淆矩阵方法进行精度评价。经精度验证,总体分类精度87.58%,高于85%的精度评价标准,经过工程化修正模式工具,分类精度达到95%,整体工作效率提升了2~3倍。实践表明:该模式的设计与应用提升了高分遥感信息提取稳定性,保证了工作过程的一体化,提高了整体工作效率。各样区土地利用类型提取结果见附图1。

4.3 流域分水线指标提取

4.3.1 指标范畴定义

流域分水线的提取是水土保持基础空间管理单元"水保斑"划分的基础,也是富有中国特色水土保持行业宏观到微观的空间管理框架体系搭建的骨架,本研究紧密围绕流域土壤侵蚀动态监测评价的需求,现基于1:10 000地形图和30 m分辨率DEM,研究探索哪个更加适合微流域的划分,进而实现水土保持基础空间管理单元"水保斑"的划分,能够很好地为流域土壤侵蚀动态监测评价服务。

根据《小流域划分及编码规范》中的定义,流域是指地表水及地下水的分水线所包围的集水区或汇水区,因地下水分水线不易确定,一般是指地面径流分水线所包围的集水区。小流域指面积一般不超过50 km^2的集水单元。微流域是为精确划分自然流域边界并形成流域拓扑关系而划定的最小自然集水单元,是小流域的基本组成单位。

流域分水线提取应遵循以下基本规定:

(1)以自然地形地貌为基础,尽量保证流域形态特征的完整。

(2)微流域最小面积一般以0.1~1 km^2为宜;在实际操作中,可根据地形复杂状况选择合适的阈值。

(3)小流域由一个或多个微流域归并而成。小流域面积一般控制为3~50 km^2,一般不小于3 km^2或不大于100 km^2。

(4)确定流域边界时,可适当考虑水库、水闸、水文站等水利工程设施和村庄、居民点的位置。如根据水库规模和流域控制面积,将水库闸口设定为流域进、出水口;根据河流上的水文观测站点,选择区间流域的进、出水口;对于流域出口附近的村庄或居民点,可按属地关系适当调整流域界线,尽量保证归属关系一致。

(5)微流域边界应与各级流域边界无缝衔接,不应横跨上级流域。

(6)流域划分应充分考虑地表汇水关系,保证上下游汇水关系的正确性。

4.3.2 指标分析方法

基于 DEM 数据,自动提取微流域边界;适当考虑水利工程设施、村庄、居民点等的位置,对人机交互自动提取的结果进行修正,形成水土保持微流域单元数据。

4.3.2.1 DEM 生成与修正

常用的 DEM 生成方式包括摄影测量、地面测量和地形图矢量化等。本研究采用地形图矢量化的方法,对现有 1:10 000 地形图上的高程点、等高线等信息进行采集,再通过双线性内插法快速生成 2 m 分辨率的 DEM。与 30 m 分辨率的 DEM 相比,2 m 分辨率的 DEM 细节更加清晰,对地形的描述更加丰富。2 m 和 30 m 分辨率 DEM 效果示意见图 4-4。

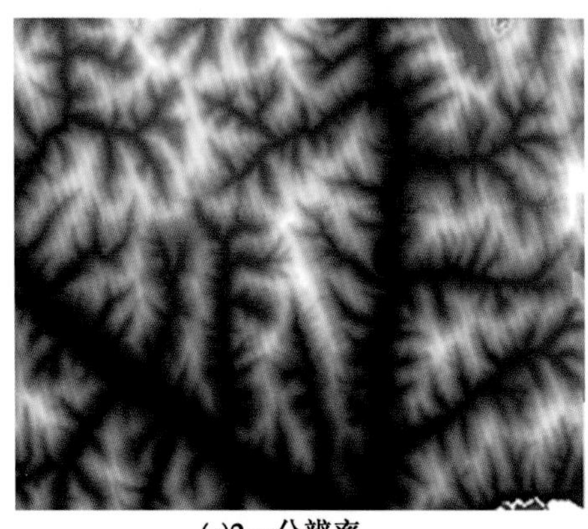
(a)2 m分辨率

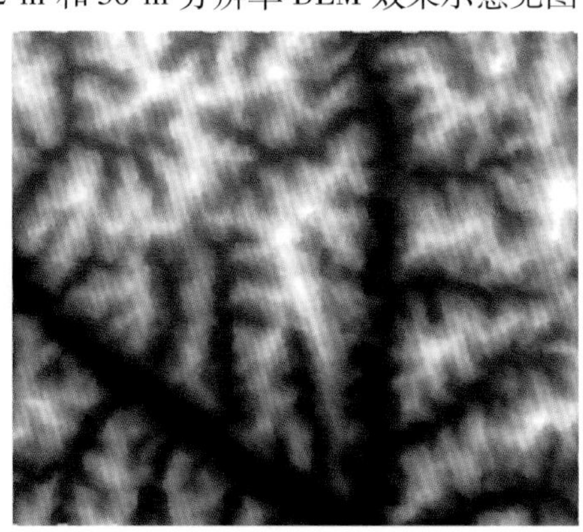
(b)30 m分辨率

图 4-4 不同分辨率 DEM 效果示意

由于 DEM 数据在生产过程中存在一定的误差,同时现实中存在真实洼地,这会造成一些 DEM 数据表面凹陷,造成数据分析结果误差很大,因此需要对 DEM 数据进行洼地填充和平地去除处理工作,这是流域地形分析的重要基础。

(1)伪洼地移除。是指 DEM 数据中高程值低于周围栅格单元的栅格单元,洼地的产生主要是由于 DEM 高程数据采样和处理分析过程误差而产生的,一般不是真正的洼地,属于“伪洼地”。而这些洼地的存在使汇流分析中该洼地栅格单元的水流方向无法确定,产生一些不符合实际的分析结果,必须在进行汇流分析前将“伪洼地”去除。目前普遍使用的是 Jenson 等提出的洼地聚合法,该方法通过逐渐地合并搜索到的洼地,从而填充嵌套洼地,再将洼地填平。

(2)平地去除。是指 DEM 数据中高程值没有差异的栅格单元区域,这些平地栅格单元也是汇流分析中水流方向无法确定的,需要进行去除处理。一般采用计算平地栅格单元与其相邻栅格单元的最陡方向,对平地栅格单元逐步垫高,以此确定流向。另外,还有借助数字化水系等矢量图层,采用高程增量迭加算法对平地栅格单元高程值进行人为修正,将平地栅格单元修改成斜坡,形成该区域合理的汇流水系关系。

4.3.2.2 流域分水线提取

流域分水线提取主要利用地理信息系统中水文分析功能,基于 DEM 数据分析每个栅格单元的水流方向,然后进行汇流累积,确定合理的汇流累积量阈值,完成河网水系和流域单元划分提取。

（1）流向分析。实现世界中地表径流方向是由地势高的地方流向地势低的地方，基于DEM数据进行数据流向分析也是同样的道理，开展流向分析首先要确定每个栅格单元的流动方向。目前分析计算流向的算法较为广泛使用的是八方向法，其原理假设每个栅格单元只从一个方向流出，根据每个栅格的高程值与周围8个栅格单元高程值的高低，选择最陡方向的栅格单元确定该栅格单元的水流方向。

（2）汇流分析。主要目的是进行河流沟道信息的提取，是流域单元边界提取的重要环节，主要包括汇流累积分析和河流沟道信息提取两个过程。汇流累积分析是计算每一个栅格单元累积上游栅格单元的流量值，生成汇流累积栅格数据。河流沟道信息提取是在汇流累积栅格数据的基础上，通过设定流域集水单元面积阈值，将该阈值以上的河流沟道栅格数据提取出来。流域集水单元面积阈值越小，提取的河流沟道越细，因此该阈值大小的确定是信息提取的关键所在。不同汇流累积量阈值提取结果对比见图4-5。

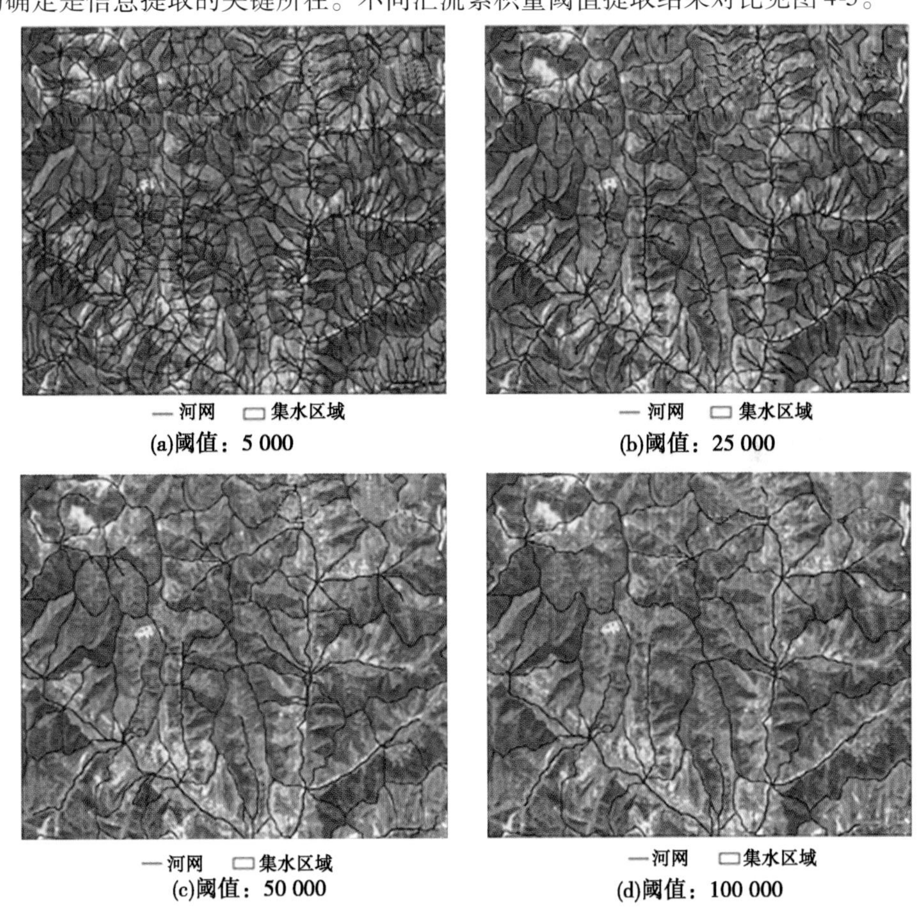

图4-5　不同汇流累积量阈值提取结果对比

以贯屯公社项目区为例，基于2 m分辨率DEM提取微流域，设置4组不同的汇流累积量阈值，分别为5 000、25 000、50 000、100 000。结果表明，随着阈值的增加，一、二级河网数量减少了许多，河流长度也减少了许多，许多伪河道被删除。对于2 m分辨率的DEM来说，提取黄土丘陵沟壑区微流域，汇流累积量阈值在100 000左右，这一临界值对于提取该地区微流域边界有很好的参考价值。

(3)微流域划分。流域单元具有明确的分级特征,即上级流域单元是由若干次级流域单元组成的。在水土保持领域,小流域单元一般是指3~50 km^2大小的流域单元,而这样的小流域单元又是由更小的微流域单元组成。微流域单元的提取是基于河流沟道栅格数据,根据流域地形特征进行划分提取。

4.3.2.3 不同分辨率DEM微流域边界自动提取结果分析

由提取的结果和统计的流域面积情况可以看出,不同分辨率DEM提取流域界线会产生一定偏差,但是相比较而言,2 m分辨率的DEM提取的流域分界线更符合地形的走向,有利于进一步更加准确地进行微流域的提取,减少伪沟谷的提取数量和减少手动修改工作量,使提取的微流域更加合理。从两种分辨率提取对比图看,两者产生的偏差在流域上游部分差异并不是很大,在流域下游的汇水区域有较大的误差。因此,若无法获取2 m分辨率的DEM时,也可用30 m分辨率进行代替,但要对其进行一些修正,以满足斑块划分需求。不同分辨率DEM微流域提取结果见图4-6和表4-10。

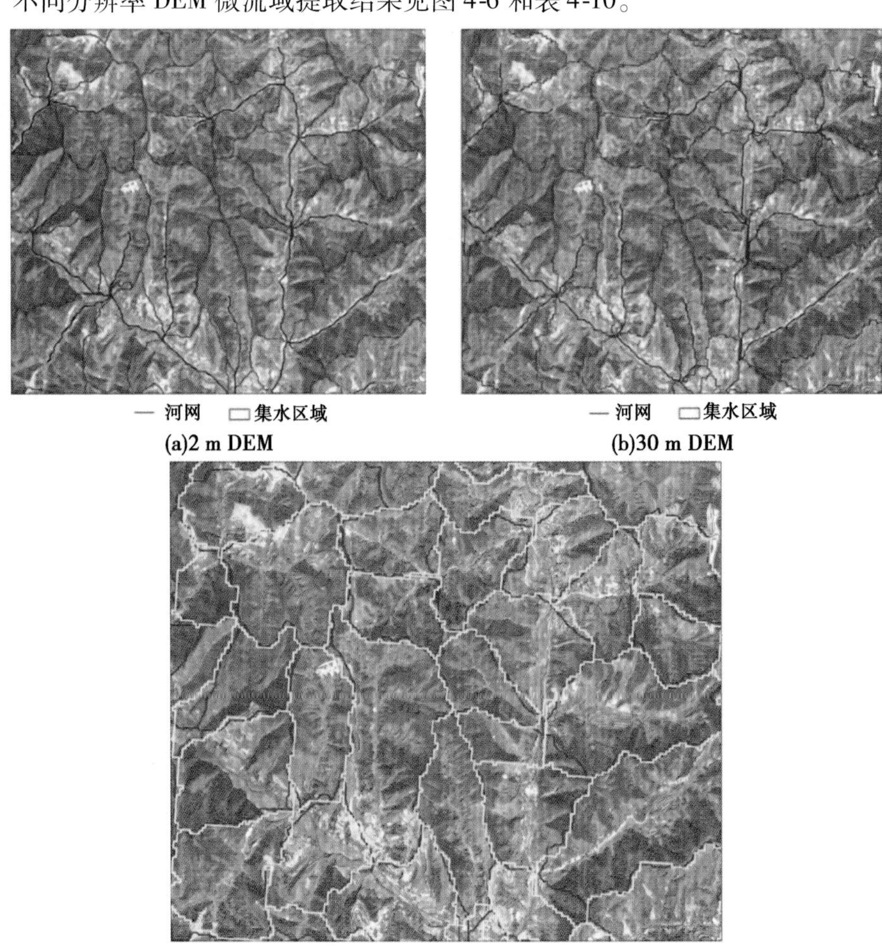

图4-6 不同分辨率DEM微流域提取结果

表 4-10　不同分辨率 DEM 微流域提取结果

DEM 分辨率(m)	流域面积			
	平均值(m^2)	最大值(m^2)	最小值(m^2)	个数
2	988 052	2 031 177	900	24
30	781 002	1 803 483	6 096	30

4.3.3　提取结果分析

基于 2 m 分辨率 DEM,并将汇流累积量阈值设置为 100 000,提取各样区流域分水线,具体结果详见表 4-11 和附图 2。6 个样区划分微流域单元总计 228 个,平均每个样区 38 个,每个流域微流域单元平均面积 0.72 km^2,最大流域单元平均面积 2.22 km^2,最小流域单元平均面积 0.12 km^2。其中,东北黑土区(盛家屯)、北方土石山区(孙庄子)、西北黄土高原区(贯屯公社)流域单元大小相对较为接近,平均面积接近 0.83 km^2;西北黄土高原区(米家堡)、南方红壤区(王村)和西南岩溶区(落水)流域单元大小相对较为接近,平均面积接近 0.61 km^2。

表 4-11　各样区流域分水线提取结果统计

项目区名称	流域面积			
	平均值(m^2)	最大值(m^2)	最小值(m^2)	个数
东北黑土区(盛家屯)	806 797.74	2 049 160.00	107 735.00	27
北方土石山区(孙庄子)	877 586.36	2 480 610.00	170 354.00	28
西北黄土高原区(贯屯公社)	795 955.24	2 888 601.13	107 832.35	35
西北黄土高原区(米家堡)	637 625.49	2 269 010.00	107 800.00	41
南方红壤区(王村)	559 120.44	1 931 540.00	105 721.00	50
西南岩溶区(落水)	620 315.66	1 699 100.00	123 079.00	47

4.4　沟缘线指标分析提取

4.4.1　指标范畴定义

沟缘线作为沟间地(正地形)和沟谷地(负地形)的分界线,是切沟、冲沟最为发育的部位,直接划分了坡面侵蚀区和沟道侵蚀区,直观地体现了黄土地貌的侵蚀差异性。沟缘线的动态变化能够充分反映沟道长度的变化、沟谷面积的变化,研究其空间分布及变化特征有助于全面分析黄土高原地貌演变情况和衡量地表侵蚀状况(Vogt,et al,2003;Chong,et al,2004),进而能够反映出黄土高原地区土壤侵蚀的变化状况。沟缘线主要分布在黄土高原沟壑区,本研究在西北黄土高原区(米家堡)样区进行了沟缘线分析提取研究。

4.4.2 指标分析方法

沟缘线传统提取方法主要利用地形图或遥感影像为底图,采取人工目视勾绘方式进行,该方式受人为因素影响多,工作量大。随着地理信息技术发展,基于栅格 DEM 数据自动提取沟缘线技术成为主要研究热点。目前,基于栅格 DEM 数据自动提取地貌技术的思路,主要是从水文学和地貌形态学角度出发的,基于地貌形态学基本特征单元提出了沟缘线提取方法,利用数字高程模型单元衍生的坡度、坡向、剖面曲率,汇流路径、汇水区域和沟壑分布等地貌特征信息,建立地貌实体形态组合,判断其阈值提取规则,实现沟缘线空间分布的识别(闾国年等,1998;朱红春等,2003;刘鹏举等,2006;周毅等,2010;Sheng,et al,2014;李敏等,2016)。从目前已有的研究结果来看,该类型方法过于依赖区域特点,参数本身的有效性和适用性以及窗口的大小均会对提取结果产生重要影响,且容易出现连续性差的问题,使得后处理工作量大,因此基于此基础的沟缘线自动提取技术还需进一步改进。综合前人研究方法中存在的问题,本研究针对黄土高原沟壑区,以地表形态空间分异自然规律为有效切入点,基于地形空间形态特征分析思想,兼顾不同尺度的地貌特征,提出一种基于优化地貌特征和深度纹理信息的面向对象多尺度分割和决策树分类的沟缘线自动提取方法,以期进一步改善栅格技术方法的适用性与识别精度,避免地貌像元的孤岛,优化提取结果与效率,为推广至大范围宏观地貌空间分异研究奠定基础。各纹理参数缩写及物理意义见表 4-12。

表 4-12 各纹理参数缩写及物理意义

名称	缩写	物理意义
二阶角矩	ASM	反映纹理特征分布的均匀度和粗细程度
对比度	CON	反映邻近栅格间的反差
相关度	COR	反映公式矩阵的行或列方向上的相似度
方差	VAR	反映纹理变化快慢、周期性大小
均值	SAR	反映区域内像素点平均灰度值,度量图像整体灰度特征的明暗深浅
熵	ENT	反映图像的信息量,用于度量纹理的随机性特征,表征纹理的复杂性
协同性	HOM	反映图像纹理的同质性,度量图像纹理局部变化的多少
相异性	DIS	反映邻近栅格灰度值差异的方法

面向对象思想的遥感分类方法核心技术是影像分割和特征分类算法(T. Blaschke,

2010;Lucian et al,2012),可克服传统的基于像元的分类难以利用空间位置信息的缺陷,分类过程更符合人类的思维习惯。遵循地学意义鲜明、特征表现明显、计算方法简约、求解模式固定的基本方针,通过定量和定性、解析和综合、表象和机制等多重视角构建量化指标体系。黄土高原地区地形量化因子复杂,有必要从不同的指标中选取适合于地貌分类的最佳组合指标,将 N 个量化因子作为“多波段”的“影像”特征空间的不同维度。由于 DEM 数据表达的是真实的高程信息,值域范围与遥感影像不同,因此需要对 DEM 所表达的高程数据及派生的地形因子进行灰度域映射。DEM 数据表达的数字影像函数为 f,表达式为

$$f = S_1 \times S_2 \times S_3 \times \cdots \times S_n \tag{4-3}$$

同一地貌形态类型区内的点综合特征越接近,在特征空间上对应点越聚集于该类中心附近。本研究以 DEM 数据及其派生数据构建灰度共生矩阵,基于不同的尺度、不同“波段”组合、同质性因子,利用面向对象的分类方法,根据各地形因子的重要性筛选出参与分割的指标实现整个区域的自动分割。由于地物的多个区域特征不同,组成部分的最优分割尺度不同,通过多算法联合的方法可以提高提取精度。

4.4.2.1 沟缘线特征分析

沟缘线是坡度比较平缓的梁峁地和坡度较为陡峻的沟坡地类型的分界线,具有全局连续的特征。一般支沟的沟缘线比较清楚而支沟间的主沟谷经常出现间断。根据沟缘线的地貌特征总结如下:

(1)不同地貌类型的界线。上部为坡度平缓的沟间地,是黄土高原地区的正地貌。在黄土塬区,包括塬面、塬边坡面(大型古冲沟坡面),坡度小于12°。在黄土峁状丘陵沟壑区,包括峁顶、缓坡面,坡度在8°~15°。在黄土峁状丘陵沟壑区,包括峁顶、缓坡面,坡度在6°~15°。沟间地在形态上有凸起的特征,具有分水性质。下部为坡度较陡的沟谷地,是负地貌类型,主要由切沟、现代冲沟及古代冲沟底部形成,有下凹的特征,具有汇水性质。

(2)侵蚀营力性质有明显差别的界线。沟间地侵蚀方式主要以降雨溅蚀及坡面汇流侵蚀为主,在坡面上形成纹沟、细沟。坡面汇水通过沟缘线,进入沟谷地区域,水流汇聚,侵蚀以沟蚀为主,同时伴随着重力侵蚀,侵蚀加剧,形成切沟,侵蚀泥沙汇入冲沟。换言之,沟缘线上的点是正地形区域内坡面汇流出水口的点。

(3)坡度差异大的界线。沟缘线上的像素具有局部最大的坡度变化。沟缘线地处切沟、冲沟最为发育的部位,由微型切沟的沟头点组成。在黄土塬、黄土残塬区,坡度变化大,切沟沟壁几乎垂直于水平面。在丘陵沟壑区,坡面地形由梁(峁)坡向沟坡过渡,坡度变化稍缓。但是,无论是何种地貌类型,沟缘线处的坡度变化在整个坡面上都是最大的。上下之间在坡面上有明显的坡度转折,是重要的坡度分界线。其中,黄土塬区沟缘线处的平均坡度大于15°,黄土梁状丘陵沟壑区在25°~30°,黄土峁状丘陵沟壑区在28°~35°。

(4)土地利用类型和方式有差异的周界。坡耕地及梯田位于沟间地,林地、草地位于沟坡地,耕地、城镇村位于沟谷地。

4.4.2.2 地形及其派生因子分析

地形因子是地形信息的载体和重要表现形式之一。从 DEM 中可以提取多种地形因

子,如坡度、坡度变化率、坡向、坡向变化率、平面曲率、剖面曲率和地表切割度等。坡向和坡向变化率通常是表示坡面的朝向和变化率,对于沟缘线的提取意义不大。本研究选取了在数字地形分析中比较常用的地形因子:起伏度、高程变异系数、地表切割深度、高程、粗糙度、坡度。光照模拟图可产生地形表面阴影效果,对地形纹理方向响应敏感,能够增强地面的起伏感,也可作为沟缘线提取的指标。如表 4-13 所示,粗糙度和高程的标准差最大,说明离散程度高,信息量大。标准差反映了图像相对于均值的离散程度,标准差越大则灰度级分布越分散,DEM 中出现的"灰度级"越趋向于相等,则包含的信息量越趋于最大。

地形地貌的空间特征和形态特征主要是通过不同的地形因子从不同方面进行表达,但这些不同的地形因子由于表达物理含义相关或相近,因此这些因子在表达地形地貌空间和形态信息方面会存在交叉重叠的情况,因此在沟缘线提取的过程中势必会造成信息的冗余,故需要对相关性弱的地形因子进行归纳和筛选。其中,起伏度与坡度、起伏度与地表切割深度之间相关性比较强,进行地貌空间形态划分时应选择其中一种指标因子与其他因子进行组合。本研究采用信息熵对相关度高的指标进行筛选,该值越大,携带的信息量越大,越有利于沟缘线的提取。DEM 数据纹理特征是反映图像表面同质现象的重要信息,是不同物体差异的重要依据。研究表明,统计型纹理分析方法更适用于自然纹理的提取(Ilea,et al,2011;Dutta,et al,2012)。本研究选择统计型纹理中的灰度共生矩阵模型,对图像的纹理特征进行表达。它是通过将高程数据和衍生因子进行相应的灰度域映射,统计栅格 i 和 j 的图像灰度,在点对距离为 d、栅格点对方向角为 θ 的情况下同时出现的频度 $p(i,j,d,\theta)$,生成灰度共生矩阵 $C(d,\theta)$ 。从特征值稳定性的角度分析,选择 $d=3$ 为共生矩阵点对距离参数,不考虑点对方向改变的影响,将 0°、45°、90°、135° 4 个方向分别计算的特征参数取均值。起伏度、坡度、地表切割深度的信息熵分别为 0.09、0.23、0.18。从表 4-14、图 4-7 和上述分析可知,参与沟缘线提取的因子为高程、光照模拟图、地表切割深度等。

表 4-13　各因子统计信息

指标	最小值	最大值	均值	标准差
起伏度(m)	0.00	183.78	58.29	40.62
光照模拟图	0.00	254.00	161.65	51.87
高程变异系数	0.00	0.03	0.01	0.01
地表切割深度(m)	0.00	136.61	30.68	24.21
高程(m)	1 090.00	1 365.00	1 271.33	70.02
粗糙度(μm)	-13 896.85	5 440.19	-0.13	100.60
坡度(°)	0.00	72.08	19.08	15.34

表 4-14 相关系数矩阵

	起伏度	光照模拟图	高程变异系数	地表切割深度	高程	粗糙度	坡度
起伏度	1.00						
光照模拟图	-0.25	1.00					
高程变异系数	0.77	-0.26	1.00				
地表切割深度	0.81	-0.23	0.77	1.00			
高程	-0.57	0.15	-0.61	-0.18	1.00		
粗糙度	-0.01	0.01	-0.01	-0.01	0.01	1.00	
坡度	0.86	-0.31	0.70	0.68	-0.52	-0.01	1.00

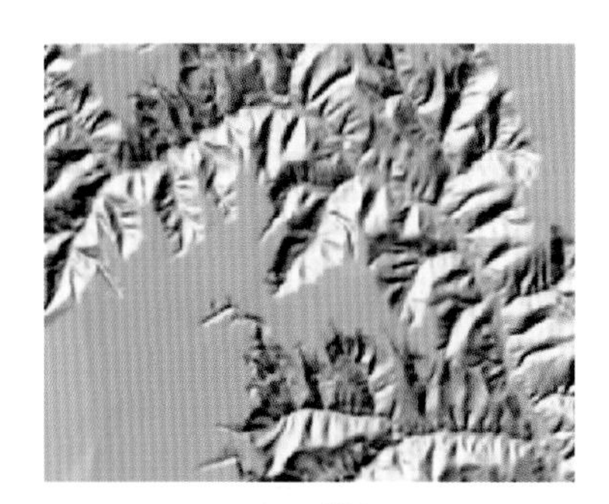

(a)光照模拟图

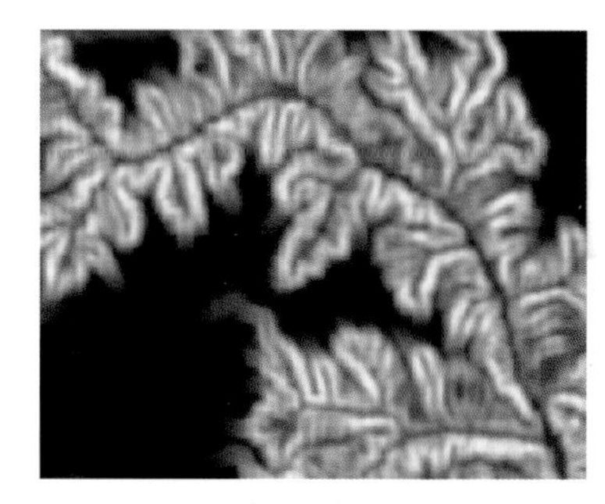

(b)高程变异系数

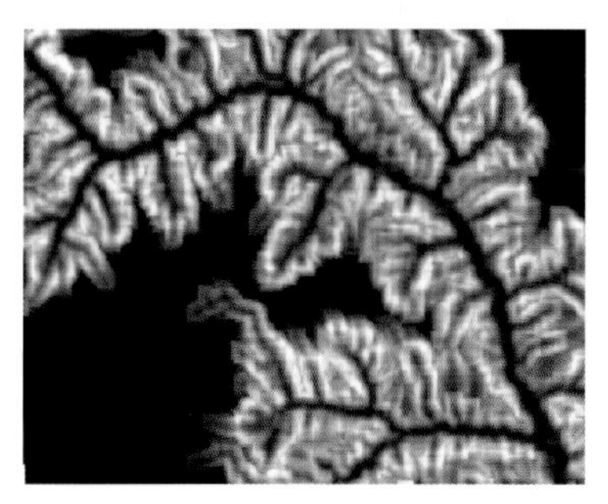

(c)地表切割深度

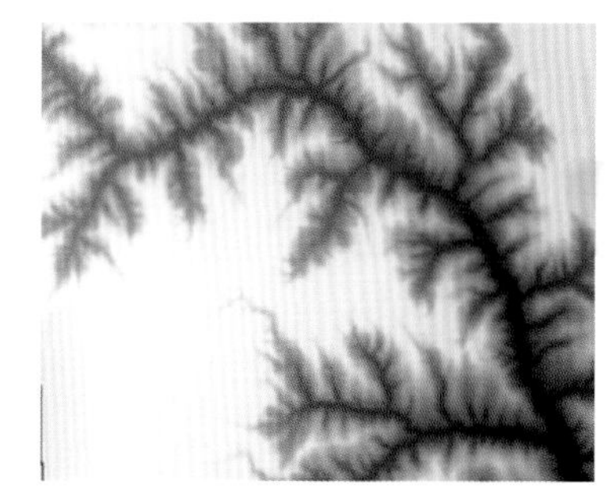

(d)DEM

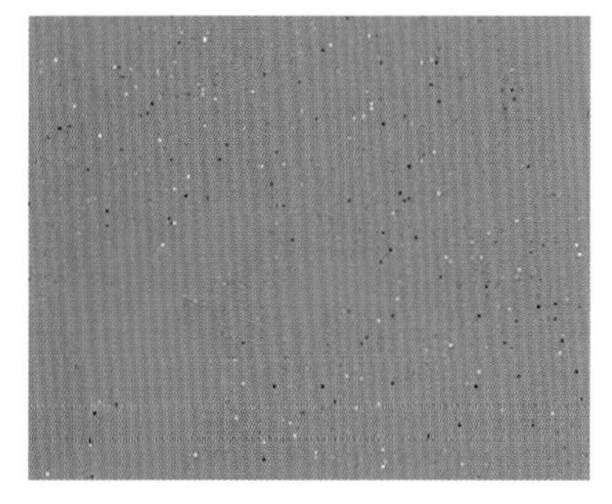

(e)粗糙度

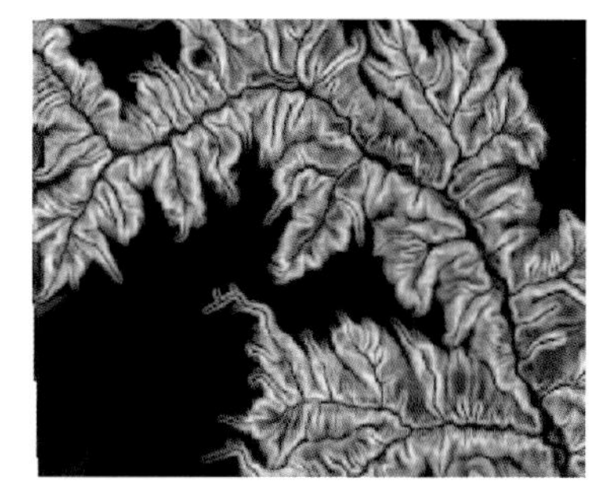

(f)坡度

图 4-7 DEM 及其派生因子

4.4.2.3 地形纹理分析

灰度共生矩阵共有 14 个特征参数，结合现有的研究（Dutta，et al，2012），本研究选取了 8 个特征指标。其中点对间距和点对方向在一定程度上会影响地形形态特征量化的稳定性和尺度的匹配性，本研究借鉴前人的研究成果，即二阶角矩、熵、逆差矩、差的方差、对比度及相关度等特征指标对点、距离变化表现得较为敏感，均值和、方差特征指标对点、间距的变化表现得不敏感，因此从特征值稳定性的角度分析，不考虑点对方向的改变，共生灰度矩阵适宜的分析间距为 3 个栅格大小。虽然本研究中选择的特征指标均能描述地形的纹理特征，但是各指标的信息冗余程度也比较高，表达重复。为避免相似物理含义和相关性强的纹理参数参与后期的提取，影响提取结果。本研究采用 DEM 及光照模拟数据，通过对各特征指标的分类和筛选以及相关性的分析，获取地形的纹理特征。由表 4-15、表 4-16 所知，对比性与均值和、熵与二阶距、相异性与相关性的相关系数均大于 0.80。表达地形纹理的一个重要基本属性是地形纹理的周期性，这种周期性是由于地形形态存在自相似性，在某一空间尺度内，地形形态的特征要素会按照一定的周期和规律进行重复出现。黄土高原地区地形形态复杂，在空间上具有一定的空间分异规律，沟缘线的提取势必需借助于其上下游或者邻域的空间差异性。地形特征值对比度和相异性反映邻近栅格的差异程度，当邻近栅格的差异度越大，越有可能区分不同的地形形态。熵和二阶距主要是对纹理的周期性进行分析的指标，从图像上分析，对于提取沟缘线意义不大，应将该因子删除。均值和表示的是灰度的变化情况，与 DEM 信息重复，在提取过程中，应该删除。均质性、方差、对比性、相关性、相异性可用于对地形的方向性和复杂程度的探测。结合前人的研究成果，利用光照模拟图和高程为主不同地形分类特征的差异性，实现目标地物沟缘线的提取。

表 4-15 DEM 各地形纹理相关系数矩阵

	均质性	均值和	二阶矩	方差	对比性	相关性	相异性	熵
均质性	1.00							
均值和	0.07	1.00						
二阶矩	0.62	-0.10	1.00					
方差	-0.57	0.13	-0.30	1.00				
对比性	0.07	<u>1.00</u>	-0.10	0.13	1.00			
相关性	-0.54	0.10	-0.26	0.68	0.10	1.00		
相异性	-0.71	0.16	-0.37	0.72	0.16	<u>0.94</u>	1.00	
熵	-0.50	0.45	<u>-0.83</u>	0.37	0.45	0.32	0.45	1.00

表 4-16　光照模拟图相关系数矩阵

	均质性	均值和	二阶矩	方差	对比性	相关性	相异性	熵
均质性	1.00							
均值和	0.38	1.00						
二阶矩	0.92	0.33	1.00					
方差	-0.32	-0.17	-0.26	1.00				
对比性	-0.35	-0.21	-0.27	0.82	1.00			
相关性	0.42	0.23	0.46	-0.13	-0.23	1.00		
相异性	-0.58	-0.26	-0.46	0.77	0.92	-0.29	1.00	
熵	0.86	0.10	-0.87	0.31	0.32	-0.35	0.55	1.00

4.4.2.4　沟缘线提取模型构建

为消除量纲的影响,对上述数据进行标准化处理,使其值域范围位于 0 ~ 10 000。黄土高原地区地形量化因子复杂,基于塬面、梁峁顶、梁峁坡正地形区域和沟坡面、沟底负地形区域的空间"光谱"特征和纹理特征的分析成果和不同地形分类特征的差异性,采用决策树规则面向对象的方法,利用高程、光照模拟图和地表切割深度形成的"多波段"的"影像",构建 3 层结构的决策树,逐层分类提取沟缘线。分割是面向对象分析方法进行地物信息提取的重要环节,在对比分析多种分割方法后,认为多尺度分割算法适用于沟缘线提取(Qi Y,et al,2008;Yong,2012;Victor,2016)。它是基于构建"影像"的光谱信息和空间信息在影像上进行识别和初步分割(黄瑾,2010)。本研究通过多次试验,基于多尺度分割算法,最终确定的参数为分割尺度(20)、形状(0.8)和紧致度(0.5),对遥感影像数据进行分割。节点层 0 为总节点;节点层 1,应用高程通过设定阈值分离正地貌和负地貌;节点层 2,利用光照晕渲图排除负地貌部分的误分;节点层 3,利用均质性、方差、对比性、相关性、相异性进一步排除负地貌部分的误分。

4.4.3　提取结果分析

为进一步探索该方法在区域上的有效性和适用性,将本算法提取的结果应用于黄土高塬沟壑区,结果表明本研究分类方法仍具有明显优势。评价结果表明:与人工解译的沟缘线趋势基本一致,正负地貌突变明显的区域,二者重合度较高。在正负地貌分类图上随机抽取均匀分布的 20 个样点,以人工目视解译结果为参照,对比分类结果与真实地表的信息,对沟缘线提取结果进行精度评价,偏移结果在 4 个像元缓冲范围内为 90%,绝对误差均值为 2 ~3 个像元,最大误差为 4 ~6 个像元(见图 4-8)。误差大的主要原因有两个:①DEM数据和遥感数据时相不一致,DEM 数据来源于 2005 年,遥感影像数据来源于 2014 年,由于黄土高原的溯源侵蚀,塬面和梁峁区域部分悬空,继而坍塌,沟头前进,不同时期地形具有一定的差异;②在沟缘线处坡度转折大,坡度小的区域坡度转折小,坡度大的区域提取效果具有一定的误差。

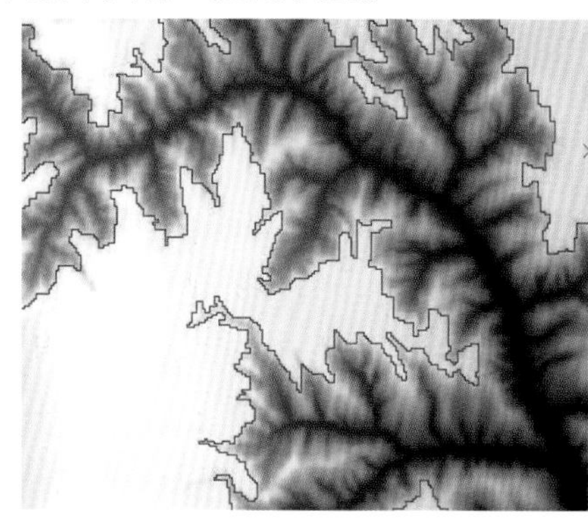

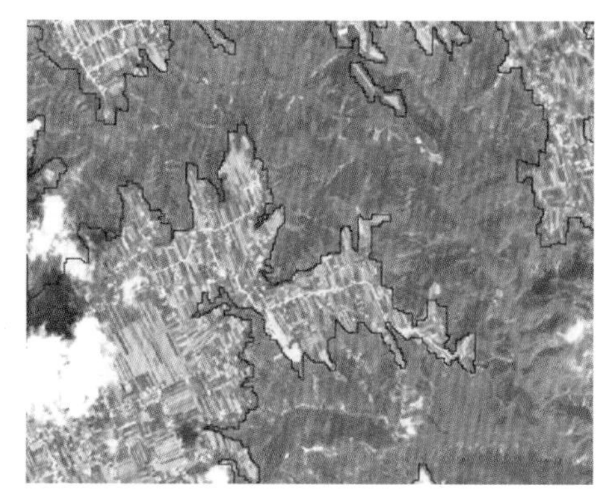

图 4-8　提取结果

为比较并验证本研究方法提取结果的准确度,采用一种典型的基于水文学和地貌形态学的研究方法——基于坡面的形态特征及汇水过程特点的提取算法(周毅等,2010)进行对比试验分析,综合评判两种方法提取结果的准确度及相互关系,分析结果如图 4-9 所示。从对比结果可以看出,两种方法提取的沟缘线在空间分布以及形态特征等方面基本保持一致,宏观表现上具有很高的吻合程度,均可用于研究区的沟缘线提取。采用与本研究前述相同的精度分析方法进行精度评价,结果表明偏移结果在 4 个像元缓冲范围内为 70%,绝对误差均值为 4 个像元,最大误差为 8 个像元,相对本研究方法绝对误差均值低 1 ~ 2 个像元,最大误差低 2 ~ 4 个像元,总体精度偏低。同时提取的沟缘线出现不少噪声,椒盐现象明显,线段连续效果差,且由于黄土地貌的复杂性,在沟道的内部具有少数散布的伪沟缘线点,后期处理工作量大。通过两种方法提取结果来看,本研究方法较基于坡面的形态特征及汇水过程特点的提取算法,具有很好的总体综合效益。

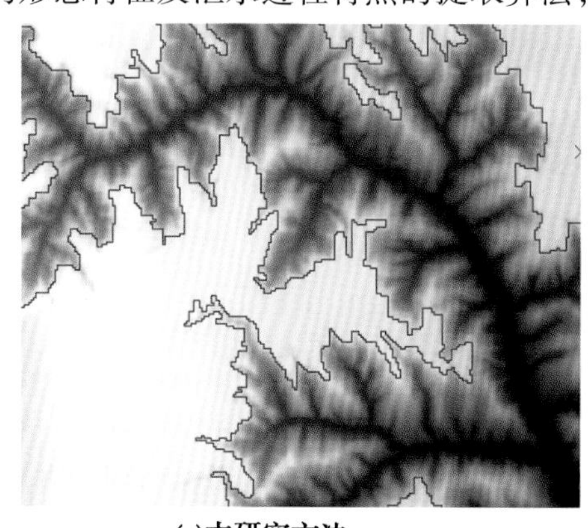

(a)本研究方法

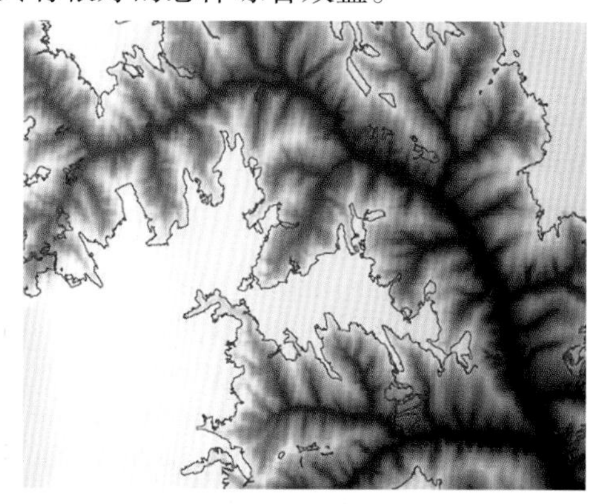

(b)基于坡面的形态特征及汇水过程特点算法

图 4-9　提取结果对比

4.5 土壤类型指标分析提取

4.5.1 指标范畴定义

土壤作为土壤侵蚀的对象,同时也是土壤侵蚀的影响因素之一、综合治理规划设计的基础前提。土壤侵蚀评价中影响土壤侵蚀的因素除降水、径流、地形、地表植被和人为活动等因素外,还包括土壤本身的抗蚀抗冲能力,即土壤对侵蚀外营力的敏感性,其数值大小取决于土壤特征。土壤的抗蚀抗冲能力是定量研究土壤侵蚀的基础,通常用土壤可蚀性 K 值来衡量。目前,土壤可蚀性因子的计算公式主要为EPIC模型和诺莫公式,EPIC模型中采用砂粒含量、粉砂含量、黏粒含量、有机碳含量等4项土壤特性指标计算土壤可蚀性因子;诺莫公式中采用极细砂+粉粒含量、砂粒含量、有机质含量、土壤结构等级系数(根据土壤结构确定)、土壤渗透等级系数(根据土壤质地确定)等5项土壤特性指标计算土壤可蚀性因子。水土保持综合治理规划中,土壤种类及其厚度可以有效反映该区域的植被生长条件,其性质决定了土地适宜性,《水土保持综合治理 规划通则》(GB/T 15772—2008)中给出的适宜性评价指标包括土壤厚度、土壤质地、有机质含量以及砾石含量4个指标。

作为"水保斑"的斑块单元划分指标,主要是利用其反映的空间边界特性的土壤类型信息,其他土壤指标可以通过属性数据来表达。

本研究所采用的土壤数据是全国第二次土壤普查相关成果,因此土壤类型指标分类主要是基于《中国土壤系统分类》。《中国土壤系统分类》根据成土条件、成土过程和土壤属性划分土壤,属于土壤发生学分类,并且将耕种土壤与自然土壤统一分类,采用土纲、亚纲、土类、亚类、土属、土种6级分类。分类的主要依据为:①按气候带和生物带划分土纲和亚纲;②按成土条件、土壤形态特征和理化性质等划分土类;③按土壤发生过程划分亚类;④按照区域性成土因素影响划分土属;⑤按发育程度和剖面构型划分土种。以全国第二次土壤普查的研究成果为基础,中国农业科学院农业资源与农业区划研究所、全国农业技术推广服务中心组织编制了《中国土壤分类与代码》,该标准于1998年首次发布,2000年、2009年两次进行修订。《中国土壤分类与代码》(GB/T 17296—2009)将土壤分类为12个土纲、30个亚纲、60个土类、229个亚类、663个土属和3 246个土种。根据该分类系统,土种层级划分可以掌握到土壤发育程度和剖面构型,可以满足土壤侵蚀评价和综合治理需要,因此"水保斑"的斑块单元划分指标,土壤类型要划分到土种层级尺度。

相应土壤剖面属性数据引自《中国土种志》以及各省份数据资料,主要包括土壤物理性质、土壤养分和土壤化学性质等,其中土壤物理性质包括土壤颗粒组成和土壤质地等。借助土壤类型图和土种志上的剖面数据,基于土种进行全国水蚀区土壤可蚀性计算,得到土壤可蚀性 K 值参数,同时获取综合治理规划设计所需土壤指标数据。

4.5.2 指标分析方法

土壤类型提取方法主要包括传统土壤调查、土壤图矢量化、遥感影像提取法等。本研究采用的土壤类型数据源为全国第二次土壤普查汇总空间成果数据，本研究仅对土壤图斑的边界及属性进行处理。已有的全国数字化土壤类型图的比例尺为1∶100万，图斑属性精确到亚类水平，各省份的1∶50万土壤类型图精确到土属和土种水平。

根据图斑划分要素获取原则，将土壤类型作为图斑划分的土壤要素，包含研究区域土壤类型对应空间地理位置以及与土壤类型相对应的土壤质地信息。根据已提供土壤类型矢量数据，按照各研究区边界对土壤矢量图层进行裁切划分，并重新进行拓扑运算处理；再根据《中国土种志》以及各省份数据资料，扩展原土壤矢量图层属性数据表结构，对土壤剖面属性数据进行赋值，完善土壤图属性数据，得到研究区域的土壤类型图层。

4.5.3 结果分析

经对各样区的土壤类型图裁切、重新拓扑和属性赋值之后，得到了各样区的土壤类型。具体结果见表4-17和附图3。

表4-17 各样区土壤类型统计

样区名称	土壤类型	面积(hm^2)	占比(%)
东北黑土区(盛家屯)	黑土	1 764.31	94.10
	草甸土	110.56	5.90
北方土石山区(孙庄子)	褐土	3 004.44	81.54
	棕壤	680.38	18.46
西北黄土高原区(贯屯公社)	褐土	1 294.50	44.14
	黄绵土	1 030.34	35.13
	棕壤	372.95	12.71
	栗钙土	235.13	8.02
西北黄土高原区(米家堡)	黑垆土	1 941.56	69.30
	黄绵土	860.04	30.70

续表 4-17

样区名称	土壤类型	面积(hm^2)	占比(%)
南方红壤区（王村）	红壤	1 643.60	55.84
	水稻土	872.03	29.63
	粗骨土	392.79	13.35
	紫色土	34.75	1.18
西南岩溶区（落水）	赤红壤	3 570.93	92.16
	红壤	287.68	7.42
	新积土	16.22	0.42

第5章　基础空间管理单元划分方法研究

由于"水保斑"的综合性强,基于划分指标确定斑块边界线需要科学的分析方法,以提高划分的精确性和高效性。参与划分的指标均为面状和线状矢量数据,因此"水保斑"斑块划分时按照从共有界线到特有界线划分。通过文献综合分析,采用空间叠置分析法、语义相似度分析法、继承性分割法3种方法进行斑块划分研究,这3种方法均以地理空间分异或地物的光谱特征为基础,在最小成图面积的控制下,均对"水保斑"的划分具有适用性。通过采用3种方法划分不同研究区的斑块单元,并进行精度和合理性分析,提出不同方法的优缺点和区域适用性,为大范围的"水保斑"斑块划分实践提供可供参考的研究方法选择。同时,对不同类型区的"水保斑"斑块划分结果进行分析,实践获取不同类型区斑块的数量、大小及其合理性等,为全面开展"水保斑"斑块划分奠定实践依据。

5.1　斑块单元划分方法及原理

5.1.1　基于空间叠置分析法的斑块划分方法

空间叠置分析法是一种常用的地理信息分析方法,其原理是将具有相同数据基础、同一区域的不同专题地理信息空间数据进行叠加分析,按照各专题地理信息的空间边界进行重新分割,重新拓扑分析,生成新的专题信息图层,并将原各专题信息中属性信息按照重新分割后的图形单元进行赋值。空间叠置后新的专题信息图层具有了原各专题信息的边界与属性信息(李明聪,2007;朱惇,2010)。

5.1.1.1　叠置分析算法

叠置分析算法主要包括多边形与多边形的叠置、线与多边形的叠置以及点与多边形的叠置3种类型(Burrough,1986;陈军等,1999)。通过"水保斑"单元划分指标组成来看,其划分主要涉及多边形与多边形叠置情况。多边形与多边形叠置是3种空间叠置中最复杂的形式,技术实现方式主要包括3个环节:①叠置相交分割运算,即将两个或两个以上的多边形图层的边界进行相交和分割计算,形成分割后的线性弧段;②拓扑关系计算,按照分割后的线性弧段进行拓扑关系计算,形成新的多边形数据图层;③新属性表建立,将原多边形的属性信息,按照分割后的多边形空间对应赋值,形成新的多边形属性数据(李明聪,2007)。

5.1.1.2　拓扑关系判断

拓扑关系是指空间对象或要素之间的相邻、邻接、关联和包含等空间关系,是一种非空间度量和方向的关系。基于拓扑关系可以实现空间对象之间的关联查询、分析等。目前常见的空间拓扑学理论主要有点集拓扑学、代数拓扑学和图论等。实践操作中主要通过地理信息系统相应的拓扑功能来实现。

5.1.1.3 图斑综合

在对各专题指标数据进行空间叠置分析后，由于不同指标数据边界不重合致使空间叠置后产生大量琐碎图斑，特别是当参与叠置分析计算的图层较多，生成的琐碎图斑也较多，且这其中许多琐碎图斑都是不必要时，需要对图斑进行合并或消除，保留具有空间意义的单元。

本研究基于空间叠置的原理，采用土地利用、地貌、土壤、小流域、沟道线等图层，经过空间叠加、分类归组、琐碎图斑归并、地块编码、属性赋值、制图综合等，形成"水保斑"图层。这样形成的地块不仅考虑了流域的地貌特点，又兼顾了土地利用、综合治理措施和土壤现状。多因子空间叠加后，会产生大量的琐碎图斑，需要进行图斑综合，对琐碎的地块进行消除和融合。通过实地抽查与调查相结合，修改"水保斑"边界，最终获得"水保斑"划分数据。图斑综合技术路线见图5-1。

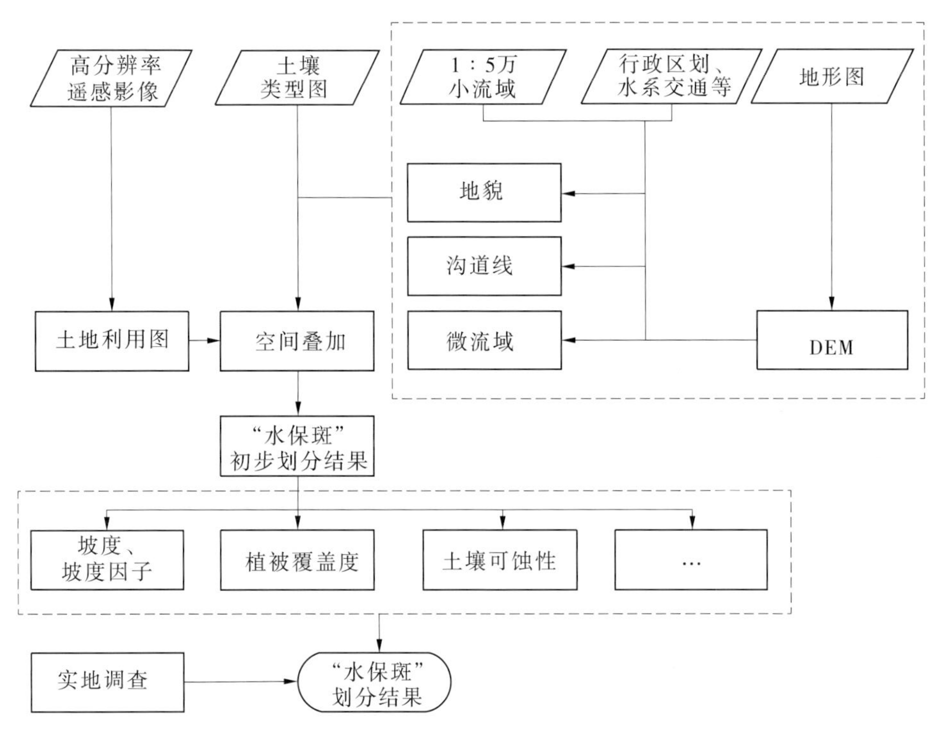

图5-1 图斑综合技术路线

5.1.2 按照语义相似度分析法的斑块划分方法

通过综合分析指标和业务内容，采用层次控制模式，根据"水保斑"语义定义的原则，利用语义相似度模型构建方法，实现"水保斑"的自动化划分。

5.1.2.1 语义定义

基于"水保斑"原理与特性，通过综合分析，确定的斑块单元划分的主要语义定义有：

(1)基于1∶1万DEM划分的小流域单元和大地貌单元，通过微地貌单元和土地利用类型，辅助微流域、沟道线、土壤类型、综合治理措施划分斑块单元。

(2)大地貌单元和小流域边界不打破,在微流域边界可以根据需要进行调整。

(3)按照地物重要性和完整性原则,水域及水利设施用地、城镇村用地、采矿用地、面状水土保持措施不参与斑块划分,保证斑块单元完整性。

(4)参与斑块划分的指标数据边界协调一致,将图斑轮廓不重合的部分控制在一定的范围内。

(5)斑块内部具有均质性,斑块单元之间具有差异性。

(6)以土壤侵蚀发生状况(分布规律)为基础,充分反映综合治理和预防监督的特点。

(7)斑块单元在空间上全覆盖、无缝隙、无重叠。在邻近关系判断时,应综合考虑斑块的拓扑关系、距离关系和属性关系。

(8)斑块成果应清晰,并能反映各划分指标布局情况。

5.1.2.2 层次控制

在充分分析不同区域的地貌特征和覆被特征后,制定了不同区域的划分方法。按照语义划分斑块单元,不仅需要考虑参与划分的指标,还需要考虑划分指标的先后顺序,更重要的是将较小图斑块合并至邻近大图斑块的过程。

1. 东北黑土区(其他平原区)

东北黑土区及其他平原区由于地势相对较为平坦,落差小,特别是平原区河流呈网状分布,是城市发达、人类活动比较频繁的区域。因此,在划分斑块的过程中,应在保证1:1万 DEM 划分小流域成果边界完整的基础上,以土地利用边界为本底,加入土壤类型边界指标。

2. 北方土石山区、南方红壤区(南方山地丘陵区)

北方土石山区地貌类型包括中山、低山、丘陵和谷地。南方红壤区地貌类型主要包括丘陵、低山、平原和岗地等,这些地貌形态交错分布,是我国大面积分布的低矮连片山区。在划分斑块的过程中,应在保证1:1万 DEM 划分小流域成果边界完整的基础上,遵循地物重要性原则(水域及水利设施用地、城镇村用地、采矿用地、面状水土保持措施不参与划分),以土地利用划分指标为基础,先加入土壤类型和微流域指标进行初步的划分,琐碎的图斑按照语义相似性(包括距离、面积和属性)模型进行归并。对于沟道宽度小于5 m的对象,加入线状的沟道线,反之则不加入,最终形成该区域的斑块单元。

3. 黄土高原丘陵沟壑区和高塬沟壑区

黄土高原丘陵沟壑区地形破碎,以梁峁状丘陵为主,上部为沟间地,正地貌,下部为沟谷地,负地貌。在黄土梁状丘陵沟壑区,包括梁顶、缓坡面。在黄土峁状丘陵沟壑区,包括峁顶、缓坡面。在黄土塬区,包括塬面、塬边坡面(大型古冲沟坡面)。在划分斑块过程中,应在保证1:1万 DEM 划分小流域边界和沟缘线完整的基础上,遵循地物重要性原则(水域及水利设施用地、城镇村用地、采矿用地、面状水土保持措施不参与划分),先加入土地利用、土壤类型和微流域划分指标进行初步的划分,琐碎的图斑按照语义相似性(包括距离、面积和属性)模型进行归并。对于沟道宽度小于5 m的对象,加入线状的沟道线,反之则不加入,最终形成该区域的斑块单元。

4. 西南岩溶区(云贵高原区)

在起伏和缓的低山、丘陵地区,在小流域完整的基础上,遵循地物重要性原则,先加入土地利用、土壤类型和微流域划分指标进行初步的划分,琐碎的图斑按照语义相似性(包括距离、面积和属性)模型进行归并。对于沟道宽度小于 5 m 的对象,加入线状的沟道线,反之则不加入。云贵高原是山地顶部多呈宽广平坦地面以及起伏和缓的低山、丘陵地区。在高原平面区域,地势平坦,落差小,在划分"水保斑"的过程中,应在保证 1:1 万 DEM 划分小流域成果边界完整的基础上,以土地利用为本底,加入土壤类型,水域及水利设施用地、城镇村用地、采矿用地、面状水土保持措施不参与划分,最终形成该区域的斑块单元。

5.1.2.3 模型实现

虽然常用商业软件中提供了融合、消除、合并以及边界线的平滑等工具,但是忽略了斑块单元划分的地理意义和综合规则的使用。因此,斑块划分需依照其语义,按照自动综合的原理,实现多尺度综合表达。通过层次控制和优先级的方式,获取叠加后形成的初步图斑,针对分割后的琐碎图斑,按照相同语义邻近图斑聚合的方法,实现最终斑块单元的划分。

1. 地物重要性确定

对于影响土壤侵蚀、水土保持综合治理以及预防监督的目标地物,根据其重要性级别进行处理。为保证重要目标的完整性,水域及水利设施用地、城镇村用地、采矿用地、面状水土保持措施等重要的地物目标不参与斑块的划分,其他按照上述的语义进行划分。

2. 阈值确定

针对道路图形产生斑块的最小宽度和其他土地利用类型中面状图形狭长部分的最小宽度,设定最小的线状地物的阈值,宽度小于 5 m,则进行合并。面状地物根据各图斑最小面积,删除区域范围内的任何一个弧段,按照下述的方法,将面状图形和周围的图斑进行融合。

3. 基于语义相似度的琐碎小图斑的综合

斑块划分过程的琐碎图斑的综合方法包括拓扑关系、分形衰减机制、遗传算法、三角网等。这些方法均考虑了语义的相似性,但是在区域适用性和全自动化水平上,还缺乏完善的解决方案。本研究基于图斑划分层次控制的特点,利用相邻图斑在属性上的相似特性实现琐碎小图斑的综合。基于图斑语义相似度测度模型,利用属性距离全面地量化图斑之间的语义相似度(牛继强,2015)。在重要性和阈值分析的基础上,图斑属性是决定语义相似度的重要因素。当被分割后的两个图斑拥有的相同属性越多,表明这两个图斑的语义相似度越大。该方法适用于一个图斑被分割成两个或者多个图斑,其中有一个或者多个图斑的面积小于上述阈值设定值的情况。图斑属性的相似度计算公式为

$$\mathrm{Sum}(\alpha,\beta) = \mathrm{Count}[a(\alpha) \cap a(\beta)] \tag{5-1}$$

式中 $a(\alpha)$ ——图斑 α 的属性集合;

$a(\beta)$ ——图斑 β 的属性集合;

$\mathrm{Count}[a(\alpha) \cap a(\beta)]$ ——统计出的图斑相似属性个数。

4. 孤岛和孔穴处理

算法处理主要针对结果中的孔穴和孤岛等分类噪声问题，应用数学形态学优化处理，实现消除噪声、填补孔穴和光滑边界的效果，在最大程度保留斑块信息的同时进行分类结果的形态优化。本研究中应用的数学形态学运算包括腐蚀、膨胀、开运算和闭运算 4 种。数学形态学用于斑块的综合时，能够进行图斑的聚合，实现图斑的概括、化简、融合。腐蚀在数学形态学运算中，通过边界向内收缩，消除毛刺、孤立点、断点等。膨胀是边界向外扩张，填充物体内部的细小孔穴空洞。开运算属于数学形态学的二次运算，通过先腐蚀运算后膨胀运算，以此来消除细小的斑块数据，将粘连的物体进行分离，同时对图像外部边缘进行平滑。闭运算是通过先膨胀运算后腐蚀运算，来填充分类结果中的孔穴，连接相临对象，起到平滑边界作用。

5. 拓扑关系的检查

划分的“水保斑”不仅要求地理位置正确，同时还要求拓扑关系和表达方式正确。拓扑关系的几何意义是对数据综合后所反映的地理对象进行拓扑分析和地理目标的合理性分析。基于语义相似度划分的“水保斑”成果，需要分析每一弧段与相邻图斑的拓扑关系，同时对每一个结点与弧段重新做一次拓扑分析。“水保斑”目标的合理性主要是指表达要素和处理要素之间关系的合理性。由于构成“水保斑”的轮廓界线属于不同要素的图层，在进行图斑划分中，需要注意线条的连接，避免出现裂缝、交叉等现象。

5.1.3 基于继承性分割法的斑块划分方法

继承性分割法主要以土壤类型、小流域单元等边界为基础，利用分割算法，对遥感影像进行分割，融合了遥感影像指标、非遥感影像指标的要素信息，完成“水保斑”斑块的划分。该方法区别于不同于空间叠置分析法和语义相似度分析法的是，在分析获取“水保斑”非遥感影像指标的基础上，直接对遥感影像进行分割划分形成“水保斑”，其核心是遥感影像的分割算法。

遥感图像分割是按照遥感影像所表达地物的形状、纹理、结构和空间关系等特征，设置合理的分割参数进行影像分割，分割后的影像单元内部具有较好的均质性、影像单元之间具有明显的差异性，分割的影像单元对应的多边形与实体地物对象之间具有较好的对应表达关系（吴波等，2013）。其中当前常见的多尺度遥感图像分割算法主要有基于继承性的多尺度分割算法、基于 HIS 空间和颜色纯度的多尺度遥感分割算法和基于分水岭算法的多尺度分割算法。本研究所采用的是基于继承性的多尺度分割算法，其基本原理是将具有相似影像特性的影像栅格单元分割为一类区域，主要过程环节是首先在进行影像分割的区域选定一个种子像元栅格，按照确定的相似影像特征将该种子栅格像元周边相邻的栅格像元归类合并在一起，形成新的种子像元，在新的种子像元上继续继承性地重复上述过程，直到没有新的满足条件的像元产生，影像分割单元就形成了。继承性分割法的目的是实现分割后影像对象的权重异质性最小化，其中光谱异质性标准和形状异质性标准共同构成了影像分割的标准。

（1）总体异质性标准。

$$f = \omega \times h_{color} + (1 - \omega) \times h_{shape} \tag{5-2}$$

式中 f——影像对象的总异质性值；

h_{color}——光谱异质性；

h_{shape}——形状异质性；

ω——光谱异质性在总体异质性标准中的权重，其值为 0 到 1。

（2）光谱异质性标准。

$$h_{color} = \sum w_c \times \delta_c \tag{5-3}$$

式中 c——波段数；

w_c——层的权重；

δ_c——波段的光谱标准值。

（3）形状异质性标准。

$$h_{shape} = \omega_{compact} \times h_{compact} + (1 - \omega_{compact}) \times h_{smooth} \tag{5-4}$$

式中 $h_{compact}$——紧致度参数；

h_{smooth}——光滑度参数；

$\omega_{compact}$——紧致度参数在形状异质性标准中的权重，其值为 0 到 1。

基于水域及水利设施用地、城镇村用地、采矿用地、面状水土保持措施边界不打破的原则，利用微流域边界对影像进行多尺度分割。由于不同区域地表覆盖特征不同，多次试验后获取适用于试验区的分割参数，见表 5-1。

表 5-1　分割参数

分割参数	东北黑土区（盛家屯）	北方土石山区（孙庄子）	西北黄土高原区（贯屯公社）	西北黄土高原区（米家堡）	南方红壤区（王村）	西南岩溶区（落水）
尺度	250	300	300	300	300	300
形状因子	0.5	0.5	0.5	0.5	0.5	0.5
紧致度因子	0.5	0.5	0.5	0.5	0.5	0.5

5.2　不同方法划分结果及适用性分析

5.2.1　不同方法划分结果

采用 3 种斑块划分方法，分别对 6 个样区进行“水保斑”斑块划分，分别获取了针对 3 种方法的 6 个样区划分斑块图，详见附图 4、附图 5 和附图 6。根据相应的斑块划分图，对斑块图斑总数、面积平均值、大于面积平均值图斑个数、面积标准方差、最大面积值、面积大于 50 hm^2 图斑个数、面积大于 50 hm^2 土地利用类型、最小面积值、面积小于 1 hm^2 图斑个数、面积小于 1 hm^2 土地利用类型等分别进行了统计分析，详见表 5-2、表 5-3 和表 5-4。

表 5-2　空间叠置分析法划分结果分析

区域 类型	东北黑土区（盛家屯）	北方土石山区（孙庄子）	西北黄土高原区（贯屯公社）	西北黄土高原区（米家堡）	南方红壤区（王村）	西南岩溶区（落水）
总面积（hm^2）	2 175.82	2 456.77	2 744.61	2 614.27	2 768.3	2 915.48
图斑总数（个）	242	333	540	177	406	494
面积平均值（hm^2）	8.99	7.38	5.08	14.77	6.82	5.90
大于面积平均值图斑个数	47	68	129	60	77	117
面积标准方差	21.05	19.42	9.96	20.37	17.18	11.61
最大面积值（hm^2）	160.70	200.91	90.10	110.57	165.09	74.59
面积大于 50 hm^2 图斑个数	9	8	6	15	13	8
面积大于 50 hm^2 土地利用类型	耕地	耕地、园地、林地、草地	林地、草地	耕地、林地、草地	耕地、林地	耕地、林地
最小面积值（hm^2）	0.60	0.20	0.12	0.20	0.20	0.20
面积小于 1 hm^2 图斑个数	44	150	213	55	220	232
面积小于 1 hm^2 土地利用类型	耕地、林地、交通运输用地、城镇村及工矿用地	耕地、园地、林地、草地、建筑用地、水域及水利设施用地、交通运输用地	林地、园地、城镇村及工矿用地、草地、交通运输用地、其他用地、水域及水利设施用地、耕地	耕地、林地、建筑用地、交通运输用地、水域及水利设施用地	耕地、园地、林地、草地、水域及水利设施用地、交通运输用地、梯田	林地、耕地、草地、水域及水利设施用地、交通运输用地、建筑用地、其他用地

表 5-3　语义相似度分析法划分结果分析

区域 类型	东北黑土区（盛家屯）	北方土石山区（孙庄子）	西北黄土高原区（[illegible]）	西北黄土高原区（[illegible]）	南方红壤区（下村）	西南岩溶区（落水）
总面积（hm²）	2 176.82	2 456.77	2 744.81	2 614.27	2 798.3	2 915.48
图斑总数（个）	44	76	182	139	207	155
面积平均值（hm²）	49.45	32.33	15.08	18.81	13.52	18.81
大于面积平均值图斑个数	1	15	65	45	73	25
面积标准方差	270.72	77.73	18.95	55.29	24.11	114.95
最大面积值（hm²）	1 823.40	460.94	116.05	641.79	265.89	1 432.17
面积大于 50 hm²图斑个数	1	13	10	4	9	3
面积大于 50 hm²土地利用类型	耕地	耕地、园地、林地、草地、梯田	林地、草地	耕地、林地	耕地、林地	耕地、城镇村及工矿用地
最小面积值（hm²）	0.62	0.26	0.12	0.03	0.01	0.03
面积小于 1 hm²图斑个数	2	11	22	20	78	29
面积小于 1 hm²土地利用类型	城镇村及工矿用地	耕地、水域及水利设施用地、城镇村及工矿用地、交通运输用地、林地、草地	耕地、梯田、建筑用地、城镇村及工矿用地	城镇村及工矿用地、草地、耕地	耕地、城镇村及工矿用地、水域及水利设施用地、梯田、林地、大棚、草地	耕地、城镇村及工矿用地、草地、耕地、其他用地

表 5-4 继承性分割法划分结果分析

区域类型	东北黑土区（盛家屯）	北方土石山区（孙庄子）	西北黄土高原区（贯屯公社）	西北黄土高原区（米家堡）	南方红壤区（王村）	西南岩溶区（落水）
总面积（hm^2）	2 175.82	2 456.77	2 744.61	2 614.27	2 798.3	2 915.48
图斑总数（个）	165	115	130	353	292	135
面积平均值（hm^2）	13.19	21.36	21.11	7.41	9.58	21.60
大于面积平均值图斑个数	61	30	44	117	82	45
面积标准方差	11.53	29.95	21.23	8.83	13.59	21.03
最大面积值（hm^2）	89.09	200.70	140.37	71.37	126.95	126.14
面积大于 50 hm^2 图斑个数	3	12	11	4	6	14
面积大于 50 hm^2 土地利用类型	耕地	耕地	林地、草地	耕地	林地	林地、耕地
最小面积值（hm^2）	1.15	1.03	0.24	0.13	0.24	0.36
面积小于 1 hm^2 图斑个数	0	0	1	32	34	5
面积小于 1 hm^2 土地利用类型	耕地	林地	裸地	道路	水域	裸地

5.2.2 不同划分方法适宜性分析

（1）空间叠置法根据土地利用、地貌、土壤、小流域、沟道线等环境因子的图层划分斑块，空间叠置法操作简单，在划分过程中具有一定的可操作性。但划分的图斑易存在大量琐碎斑块，各因子叠加分析后，城镇村、水土保持治理措施以及道路、水域等完整的面状地物被分割，且平原区被分水线分割，生成直接结果不满足水土保持业务的要求，需要人工进行修正，后期修改工作量大。就图斑总数而言，试验区域的图斑总数为 177 ~ 540 个，其中，贯屯公社图斑数最多，主要是由于区域范围内有面积小于 1 hm^2 的“水保斑”块 213 个，由大量的林地、园地和草地图斑被沟道线和小流域切割；其次是落水和王村；最后是孙庄子、米家堡和盛家屯。从面积来说，试验区域的平均面积范围为 5.08 ~ 14.77 hm^2，最大面积范围为 74.59 ~ 200.91 hm^2，土地利用主要集中在耕地、林地和草地；最小面积范围为 0.12 ~ 0.60 hm^2，面积小于 1 hm^2 的图斑数量为 44 ~ 232 个，土地利用类型为耕地、园地、林地、草地、水域及水利设施用地、交通运输用地、梯田等。基于空间叠置分析划分“水保斑”的方法生成的面积为 1 hm^2 的图斑数量过多，尤其体现在耕地、园地、林地、草地被大量分割，属于过分割现象。

(2)语义相似度分析法是以某种要素为主导,基于地理要素的空间相关性,利用各要素之间特定的组合和分异方式,充分考虑各斑块之间语义的相似度确定“水保斑”的边界。就图斑总数而言,实验区域的图斑总数为 44 ~ 207 个,从平均面积来说,试验区域的平均面积范围为 13.52 ~ 49.45 hm^2,除去东北黑土区和北方土石山区外,其他区域的平均面积为 16.56 hm^2,可以满足水土保持领域土壤侵蚀监测评价、水土流失综合治理、生产建设项目监督管理的需要。最大面积土地利用主要集中在耕地、林地和草地,分布在北方土石山区、西北黄土高原区(高塬沟壑区的塬面)和东北黑土区;最小面积土地利用类型主要为城镇村及工矿用地和水域及水利设施用地,其中南方红壤区由于山坡陡峭,水系发育,有大量的水塘,结果符合区域地表覆盖特征。

(3)继承性分割法主要以土壤、小流域的边界为基础,利用分割算法,对遥感影像进行分割。就图斑总数而言,试验区域的图斑总数为 115 ~ 353 个。其中,米家堡的图斑数最多,主要是由于区域范围内有面积小于平均值 7.41 hm^2 的“水保斑”236 个,但米家堡面积大于 50 hm^2的仅有 4 个,与高塬沟壑区的特征不相符,主要是在塬面和地形复杂的坡面上存在过分割的现象,孙庄子最少,主要是地形平坦,且地表覆被破碎度低。整体而言,基于继承性分割法在平原地区存在过分割的现象,在丘陵沟壑区存在欠分割的现象,该依赖分割参数,在执行效率和图斑合理性等方面还需要进一步改进。

(4)综合结果分析。语义相似度分析法划分“水保斑”方法,遵循最小阈值、重要性以及区域特殊性的原则,自动划分“水保斑”。该方法切实可行,且自动化程度比较高。从划分结果来看,每一个相对均质的单元反映了其地貌、土壤、土地用途、覆盖特征等方面的组合关系。每一个组合其生产潜力、改用改良途径、经营管理等方面是相对一致的。基于此方法划分的“水保斑”在空间分布上全覆盖、无缝隙、无重叠,成果清晰,并能反映各因子的布局情况,斑块单元具有一定的系统性、逻辑性和异质性。从划分结果图直观分析和划分图斑统计分析可以看出,语义相似度分析法划分“水保斑”结果更为合理,可以满足水土保持领域土壤侵蚀监测评价、水土流失综合治理、生产建设项目监督管理的需要。同时,空间叠置法虽然在划分过程中容易产生大量琐碎斑块,后处理的工作较大,但其操作简单,也具有一定的适用性。本研究以语义相似度分析法划分成果进行分析。

5.3　不同区域斑块划分结果分析

5.3.1　区域斑块单元结果分析

从图斑总数而言,试验区域的图斑总数为 44 ~ 207 个,其中,王村图斑数最多,主要是由于区域范围内有面积小于 1 hm^2 的“水保斑”78 个,其土地利用类型主要为水域及水利设施用地、城镇村及工矿用地;其次是贯屯公社和落水;孙庄子和盛家屯最少,主要是由于土地利用类型简单,地形平坦。从平均面积来看,试验区域的平均面积范围为 13.52 ~ 49.45 hm^2,平均面积的均值为 25 hm^2;除去东北黑土区和北方土石山区外,其他区域的平均面积的均值为 16.56 hm^2,可以满足水土保持领域土壤侵蚀监测评价、水土流失综合治理、生产建设项目监督管理的需要。从最大面积来看,实验区域的最大面积范围为

116.05～1 823.40 hm^2，最大面积平均值为790 hm^2，土地利用主要集中在耕地、林地和草地。其中，耕地主要位于北方土石山区、西北黄土高原区（高原沟壑区的塬面）和东北黑土区，这主要依赖于选择的区域地表覆盖特征。从最小面积来看，最小面积平均值为0.18 hm^2，土地利用类型主要为城镇村及工矿用地和水域及水利设施用地，其中，南方红壤区由于山坡陡峭，水系发育，有大量的水塘。不同区域"水保斑"划分结果图详见附图4、附图5、附图6。具体分析结果如下。

5.3.1.1 东北黑土区（盛家屯）

东北黑土区（盛家屯）样区总面积2 175.82 hm^2，划分出斑块总数44个，平均每个"水保斑"面积约49.45 hm^2，面积标准方差270.72。其中最大斑块面积1 823.40 hm^2，最小斑块面积0.62 hm^2；大于平均面积图斑个数1个，面积大于50 hm^2图斑个数1个，主要土地利用类型是耕地；面积小于1 hm^2图斑个数2个，主要土地利用类型为城镇村及工矿用地。从斑块划分结果图可以看出，样区主要为缓坡耕地，耕地斑块单元划分相对较为完整，没有被过分进行分割，其中的城镇村及工矿用地、道路等用地也清晰地进行了划分表达，划分的斑块单元充分体现了区域特点。

5.3.1.2 北方土石山区（孙庄子）

北方土石山区（孙庄子）样区总面积2 456.77 hm^2，划分出斑块总数76个，平均每个"水保斑"面积约32.33 hm^2，面积标准方差77.73。其中最大斑块面积460.94 hm^2，最小斑块面积0.26 hm^2；大于平均面积图斑个数15个，面积大于50 hm^2图斑个数13个，主要土地利用类型是耕地、园地、林地、草地和梯田；面积小于1 hm^2图斑个数11个，主要土地利用类型为耕地、水域及水利设施用地、城镇村及工矿用地、交通运输用地、林地、草地等。从斑块划分结果图可以看出，样区主要为北方丘陵山地，斑块单元基本按照沟道—坡面进行划分，主要沟道也清晰地进行了划分表达，其中主要城镇村及工矿用地也进行了较为明确的区分，划分的斑块单元充分体现了区域特点。

5.3.1.3 西北黄土高原区（贯屯公社）

西北黄土高原区（贯屯公社）样区总面积2 744.61 hm^2，划分出斑块总数182个，平均每个"水保斑"面积约15.08 hm^2，面积标准方差18.95。其中最大斑块面积116.05 hm^2，最小斑块面积0.12 hm^2；大于平均面积图斑个数65个，面积大于50 hm^2图斑个数10个，主要土地利用类型是林地、草地；面积小于1 hm^2图斑个数22个，主要土地利用类型为耕地、梯田、建筑用地、城镇村及工矿用地等。从斑块划分结果图可以看出，样区主要为西北黄土丘陵沟壑区，斑块单元中坡面—沟道—小流域的地貌形态得到了充分体现，沟道斑块特征反映比较充分，主要沟道中的耕地、城镇村及工矿用地等也得到有效划分，斑块单元比较符合区域特点和水土保持管理需求。

5.3.1.4 西北黄土高原区（米家堡）

西北黄土高原区（米家堡）样区总面积2 614.27 hm^2，划分出斑块总数139个，平均每个"水保斑"面积约18.81 hm^2，面积标准方差55.29。其中最大斑块面积641.79 hm^2，最小斑块面积0.03 hm^2；大于平均面积图斑个数45个，面积大于50 hm^2图斑个数4个，主要利用类型是耕地、林地；面积小于1 hm^2图斑个数20个，主要土地利用类型为城镇村及工矿用地、草地、耕地等。从斑块划分结果图可以看出，样区主要为西北黄土高塬沟壑区，沟壑和塬面均完整清晰地进行了划分，塬面中除城镇村用地外相对保持完整，沟壑区斑块单元坡面—沟道—小流域的地貌形态也得到了充分体现，划分的斑块单元比较符合区域特点和水土保持管理需求。

5.3.1.5 南方红壤区(工村)

南方红壤区(工村)样区总面积 2 798.3 hm^2，划分出斑块总数 207 个，平均每个"水保斑"面积约 13.52 hm^2，面积标准方差 24.11。其中最大斑块面积 265.89 hm^2，最小斑块面积 0.01 hm^2；大于平均面积图斑个数 73 个，面积大于 50 hm^2 图斑个数 9 个，主要土地利用类型是耕地和林地；面积小于 1 hm^2 图斑个数 78 个，主要土地利用类型为耕地、城镇村及工矿用地、水域及水利设施用地、梯田、林地、大棚、草地等。从斑块划分结果图可以看出，样区中红壤丘陵区域斑块单元基本按照坡面—流域汇水进行划分，丘陵山前平原地区主要按照土地利用类型进行划分，比较符合前述"水保斑"的基本特征和区域特点。

5.3.1.6 西南岩溶区(落水)

西南岩溶区(落水)样区总面积 2 915.48 hm^2，划分出斑块总数 155 个，平均每个"水保斑"面积约 18.81 hm^2，面积标准方差 114.95。其中最大斑块面积 1 432.17 hm^2，最小斑块面积 0.03 hm^2；大于平均面积图斑个数 25 个，面积大于 50 hm^2 图斑个数 3 个，主要土地利用类型是耕地、城镇村及工矿用地；面积小于 1 hm^2 图斑个数 29 个，主要土地利用类型为耕地、城镇村及工矿用地、草地、耕地、其他用地等。从斑块划分结果图可以看出，样区主要为山地、丘陵和平原地貌，斑块单元中各种地貌类型得到了有效分割，丘陵地区坡面—沟道得到了充分体现，平原地区斑块单元相对较为完整，斑块单元比较符合区域特点。

5.3.2 斑块合理性评价

"水保斑"的合理性分析针对斑块划分结果总体形态、斑块的边界和空间位置进行评价，应用统计学原理，通过评价抽取样本的精度来估算"水保斑"提取的边界和空间位置精度。本研究采用简单随机抽样的方法，抽取每个研究区域内"水保斑"数量的 5% ~ 10% 作为精度评价对象，选取准确度、查全率和相对相似性 3 个指标来评价"水保斑"划分结果与实际情况的吻合情况(吴波等,2013)。

5.3.2.1 评价指标

准确度、查全率和相对相似性评价指标及其方法与含义具体见表 5-5。

表 5-5 评价指标及其方法与含义

精度评价指标	评价方法/计算方法	含义
准确度	加权平均	用于度量"水保斑"划分尺度过大的程度，值越大说明"水保斑"划分的尺度越合适
查全率	加权平均	用于度量"水保斑"划分过小的程度，值越大，说明"水保斑"划分的尺度越合适
相对相似性	加权平均	反映划分"水保斑"跟真实情况的符合程度，值越大，说明两者的相似度越高

1. 准确度

将“水保斑”的提取图斑与参考图斑对比，分析“水保斑”提取结果与参考图斑的重叠区域占“水保斑”提取图斑的比例，用于度量“水保斑”划分尺度过大的程度，同时考虑了“水保斑”提取图斑的边界和空间位置精度。值越大，说明“水保斑”划分的尺度越合适，边界和空间位置精度越高。准确度定义为提取“水保斑”跟参考“水保斑”的重叠部分与提取“水保斑”的面积百分比。区域内的总体准确度为所有“水保斑”准确度的加权平均，计算公式如下：

$$P = \sum_{i=1}^{n} P_i \cdot \frac{|S_i \cap S_i'|}{|S_i|} = \sum_{i=1}^{n} \frac{|S_i|}{|I|} \cdot \frac{|S_i \cap S_i'|}{|S_i|} \tag{5-5}$$

式中 P——准确度；

i——“水保斑”斑块序号，$i=1,2,3,\cdots,n$；

n——区域内“水保斑”的总数；

P_i——“水保斑”i 的面积权重；

S_i——“水保斑”i 的斑块面积；

S_i'——“水保斑”i 的参考斑块的面积；

I——区域内“水保斑”的斑块面积和。

2. 查全率

对比“水保斑”提取结果与参考图斑，分析“水保斑”提取结果与参考图斑的重叠区域占参考图斑的比例，用于度量“水保斑”划分尺度过小的程度，同时考虑了“水保斑”提取图斑的边界和空间位置精度。值越大，说明“水保斑”划分的尺度越合适，边界和空间位置精度越高。查全率定义为提取“水保斑”跟参考“水保斑”的重叠部分跟参考“水保斑”的面积百分比。区域内的总体查全率为所有“水保斑”查全率的加权平均，计算公式如下：

$$R = \sum_{i=1}^{n} P_i \cdot \frac{|S_i \cap S_i'|}{|S_i'|} = \sum_{i=1}^{n} \frac{|S_i|}{|I|} \cdot \frac{|S_i \cap S_i'|}{|S_i'|} = \frac{1}{|I|}\sum_{i=1}^{n} |S_i| \cdot \frac{|S_i \cap S_i'|}{|S_i'|} \tag{5-6}$$

式中 R——查全率；

i——“水保斑”斑块序号，$i=1,2,3,\cdots,n$；

n——区域内“水保斑”的总数；

P_i——“水保斑”i 的面积权重；

S_i——“水保斑”i 的斑块面积；

S_i'——“水保斑”i 的参考斑块的面积；

I——区域内“水保斑”的斑块面积和。

3. 相对相似性

相对相似性指标从面积和空间位置两方面对“水保斑”提取结果进行了精度评价，该指标既考虑了提取“水保斑”与参考图斑的共有区域，又考虑了提取图斑的私有区域（$|S_i/S_i'|$），私有区域具有“负作用”，其值越小，说明提取“水保斑”覆盖参考斑块的程度越大，可有效地反映“水保斑”提取尺度过小的问题。相对相似性值域是[-1,1]，其值越接近1，说明两者的相似性越高，提取结果误差越小。计算公式如下：

$$S = \frac{1}{|I|}\sum_{i=1}^{n}|S_i|\frac{|S_i \cap S'_i| - \left|\frac{S_i}{S'_i}\right|}{|S_i \cup S'_i|} \tag{5-7}$$

式中 S——相对相似性；

i——“水保斑”斑块序号，$i=1,2,3,\cdots,n$；

n——区域内“水保斑”的总数；

S_i——“水保斑”i的斑块面积；

S'_i——“水保斑”i的参考斑块的面积；

I——区域内“水保斑”的斑块面积和。

5.3.2.2 **评价结果**

针对各研究区域随机抽取的“水保斑”，进行准确度、查全率和相对相似性评价，随机样本评价结果见表5-6。

表5-6 随机样本评价

区域	准确度	查全率	相对相似性
东北黑土区（盛家屯）	0.83	0.84	0.76
北方土石山区（孙庄子）	0.84	0.87	0.89
西北黄土高原区（贯屯公社）	0.79	0.91	0.71
西北黄土高原区（米家堡）	0.81	0.85	0.78
南方红壤区（王村）	0.80	0.88	0.85
西南岩溶区（落水）	0.85	0.85	0.79
平均值	0.82	0.87	0.80

从斑块划分的准确度来看，6个样区准确度平均为82%，其中西南岩溶区（落水）样区准确度最高，达到85%；西北黄土高原区（贯屯公社）样区准确度最低，为79%。从斑块划分的查全率来看，6个样区查全率平均为87%，其中西北黄土高原区（贯屯公社）样区查全率最高，达到91%；东北黑土区（盛家屯）样区查全率最低，为84%。从斑块划分的相对相似性来看，6个样区相对相似性平均为80%，其中北方土石山区（孙庄子）样区相对相似性最高，达到89%；西北黄土高原区（贯屯公社）样区相对相似性最低，为71%。

从表中结果可以看出，6个样区划分的“水保斑”的准确度、查全率、相对相似性等比较接近，差异不是很大，说明本研究提出的斑块划分指标、斑块划分方法在不同的水土流失类型区具有很好的适用性。同时，6个样区划分的“水保斑”的准确度、查全率、相对相似性的平均值均不小于80%，由于地表覆盖的复杂性，人为划分的结果差异很大且精度也难以分析确定，因此本研究提出的研究方法及其结果具有很好的合理性，能够满足生产实践需要。

5.3.3 斑块景观指数分析评价

景观生态学中，景观斑块的类型、形状、大小、数量和空间组合既是各种干扰因素相互作用的结果,又影响着该区域的生态过程和边缘效应,而景观指数是指高度浓缩的景观格局信息,反映其结构组成和空间配置某些方面特征的简单定量指标。"水保斑"是满足水土保持管理需求的基础空间单元,同时也是一种景观斑块单元。通过景观指数对"水保斑"进行分析评价,既可以通过不同研究区域斑块景观格局,同时也可以通过"水保斑"景观指数反映的斑块总体特征与研究区域地形地貌特性匹配一致性进行分析,进而反映"水保斑"划分是否合理。

5.3.3.1 评价指标

本研究选择面积方差(*PSSD*)、边缘密度(*ED*)、平均斑块形状指数(*MSI*)、面积加权平均斑块分维度(*AWMPFD*)、形状指数(*AWMSI*)、景观破碎度指数(*LTFI*)等6种景观格局指数分析"水保斑"景观格局的演变。

1. 面积方差(*PSSD*)

面积方差(*PSSD*)采用景观指数中的斑块面积方差指数来表示,用于衡量划分的"水保斑"在空间尺度上的均一性,即"水保斑"之间的面积差异性。"水保斑"斑块之间的面积越均匀,面积方差值越小。当所有"水保斑"斑块面积都相同时,值为0。计算公式如下:

$$PSSD = \sqrt{\frac{\sum_{i=1}^{n} (S_i - \bar{S})^2}{n}} \tag{5-8}$$

式中 n——区域内"水保斑"的总数;

i——"水保斑"斑块序号,$i = 1, 2, 3, \cdots, n$;

S_i——序号为 i 的"水保斑"斑块面积,km^2;

$\bar{S}$——区域内"水保斑"斑块的面积均值,km^2。

2. 边缘密度(*ED*)

边缘密度(*ED*)是指单位面积中斑块单元与相邻斑块单元之间的边缘长度。当单位面积某种斑块要素的周长越长,说明该区域景观被分割的程度越重,是体现景观破碎化程度的重要指标。计算公式如下:

$$ED = \frac{\sum_{j=1}^{n} p_j}{A} \tag{5-9}$$

式中 p_j——j 斑块的斑块周长;

A——景观总面积。

边缘密度越大,则景观被边界割裂的程度越高;反之,景观的连同性高。

3. 平均斑块形状指数(*MSI*)

平均斑块形状指数(*MSI*)主要是表达景观空间格局复杂性的重要指标之一,对植物的种植与生产效率等生态过程均有重要影响,反映了斑块形状与等积正方形之间的偏离程度。计算公式如下:

$$MSI = \frac{\sum_{j=1}^{n} (0.25 p_j / \sqrt{a_j})}{n} \tag{5-10}$$

式中 p_j——j 斑块的周长；

a_j——j 斑块的面积；

n——总斑块数。

MSI 取值范围为大于等于1，当 MSI 值为1时表明斑块是正方形；其值越大，说明斑块的形状越偏离正方形，形状表现更为不规则，受人为的干扰程度越小。

4. 面积加权平均斑块分维度（$AWMPFD$）

面积加权平均斑块分维度（$AWMPFD$）主要用来定量反映景观格局的整体性特征的指标，表征了斑块景观形状的复杂程度。该指数取值越高，说明斑块的形状越复杂，一定程度上反映了人为活动对景观格局的影响。计算公式如下：

$$AWMPFD = \sum_{j=1}^{n}\left[\frac{2\ln(0.25p_j)}{\ln a_j}\left(\frac{a_j}{A}\right)\right] \tag{5-11}$$

式中 p_j——j 斑块的周长；

a_j——j 斑块面积；

A——景观总面积；

n——景观总斑块数。

该指数取值范围为1～2，当取值趋近于1时，说明斑块的形状规律性更明显，受人为的干扰程度就越大；当取值为2或0时，说明同等面积下周边图形最复杂。

5. 形态指数（$AWMSI$）

形态指数（$AWMSI$）采用景观指数的面积加权平均形状指数，用于衡量“水保斑”划分的形态复杂程度，值为1时，说明所有的“水保斑”斑块都为正方形，值越大说明划分的“水保斑”斑块形态越复杂。计算公式如下：

$$P_i = \frac{S_i}{I} \tag{5-12}$$

$$AWMSI = \sum_{i=1}^{n}\left(\frac{C_i}{S_i}\cdot P_i\right) = \sum_{i=1}^{n}\left(\frac{C_i}{I}\right) = \frac{1}{I}\sum_{i=1}^{n}C_i \tag{5-13}$$

式中 i——“水保斑”斑块序号，$i=1,2,3,\cdots,n$；

n——区域内“水保斑”的总数；

C_i——“水保斑”i 的周长，km；

P_i——“水保斑”i 的面积权重；

S_i——“水保斑”i 的斑块面积，km^2；

I——区域内“水保斑”的斑块面积和。

6. 景观破碎度指数（$LTFI$）

景观破碎度指数（$LTFI$）主要反映整个斑块景观体系的破碎化程度。计算公式如下：

$$LTFI = \frac{N}{A} \tag{5-14}$$

式中 N——整个景观中的斑块总数；

A——景观总面积。

景观破碎度指数越大，表明景观格局越破碎；反之，则表明景观格局越完整。

5.3.3.2 评价结果

根据上述斑块景观指数计算方法,基于景观格局分析软件 FRAGSTATS 4.2,对 6 个样区的相关指数分别进行分析,结果如表 5-7 所示。

表 5-7 不同区域景观分析评价结果

区域	*PSSD*	*ED*	*MSI*	*AWMPFD*	*AWMSI*	*LTFI*
东北黑土区(盛家屯)	2.71	0.01	2.94	1.21	10.68	2.02
北方土石山区(孙庄子)	0.95	0.02	4.54	1.22	19.78	2.50
西北黄土高原区(贯屯公社)	0.20	0.02	2.15	1.12	18.44	6.48
西北黄土高原区(米家堡)	0.59	0.02	2.26	1.15	17.55	5.03
南方红壤区(王村)	0.25	0.02	2.06	1.11	17.99	7.09
西南岩溶区(落水)	1.33	0.03	3.15	1.27	26.10	4.93
平均值	1.01	0.02	2.85	1.18	18.42	4.68

(1)从面积方差(*PSSD*)指数来看,6 个样区之间"水保斑"在空间尺度上的均一性不同,即"水保斑"之间的面积差异性大。其中东北黑土区(盛家屯)、西南岩溶区(落水)斑块面积差异性最大,其次是北方土石山区(孙庄子)和西北黄土高原区(米家堡),西北黄土高原区(贯屯公社)和南方红壤区(王村)斑块面积差异性最小。

(2)从边缘密度(*ED*)指数来看,6 个样区比较接近,说明各个样区斑块景观的连同性比较接近。其中,西南岩溶区(落水)边缘密度指数为 0.03,为 6 个样区中指数最高,景观连同性偏低;东北黑土区(盛家屯)边缘密度指数为 0.01,为 6 个样区中指数最低,景观连同性最高;其他区域边缘密度指数相同,均为 0.02,景观连同性相同。

(3)从平均斑块形状指数(*MSI*)来看,6 个样区 *MSI* 平均值为 2.85,斑块形状均偏离了正方形,为不规则多边形。其中北方土石山区(孙庄子)*MSI* 取值为 4.54,为 6 个样区中值最高,斑块形状最不规则,斑块景观受人为干扰的程度最小;西南岩溶区(落水)和东北黑土区(盛家屯)次之,分别为 3.15 和 2.94;西北黄土高原区(米家堡)、西北黄土高原区(贯屯公社)和南方红壤区(王村)相对较小,分别为 2.26、2.15、2.06,斑块形状相对较为规则,斑块景观受人为干扰的程度偏大。

(4)从面积加权平均斑块分维度(*AWMPFD*)来看,6 个样区指数平均值为 1.18,相对较为接近,分维度趋于 1,斑块形状之间相对有规律。其中,西南岩溶区(落水)、北方土石山区(孙庄子)、东北黑土区(盛家屯)分维度分别为 1.27、1.22、1.21,分维度相对较高,斑块景观的几何形状相对复杂;西北黄土高原区(米家堡)、西北黄土高原区(贯屯公社)、南方红壤区(王村)分别为 1.15、1.12、1.11,分维度相对较低,斑块景观的几何形状复杂性相对较好。

(5)从形态指数(*AWMSI*)来看,6 个样区指数平均值为 18.42,指数相对较为接近。其中,西南岩溶区(落水)形态指数最高,达到 26.10,斑块形态复杂程度最高;东北黑土区(盛家屯)形态指数最低,为 10.68,斑块形态复杂程度相对较低;北方土石山区(孙庄子)、西北黄土高原区(贯屯公社)、南方红壤区(王村)和西北黄土高原区(米家堡)4 个样区斑块形态指数相对较为接近。

（6）从景观破碎度指数（*LTFI*）来看，6个样区景观破碎度相对分散，南方红壤区（王村）和西北黄土高原区（贯屯公社）指数相对较大，分别为7.09、6.48，景观格局相对较为破碎，西北黄土高原区（米家堡）和西南岩溶区（落水）次之，分别为5.03、4.93；北方土石山区（孙庄子）和东北黑土区（盛家屯）景观破碎度指数相对较小，分别为2.50、2.02，景观格局相对完整。

 第6章　基础空间管理单元更新方法研究

根据“水保斑”的基本原理和主要特性，该斑块单元是在一定时期内保持相对稳定，但不是说一成不变，需要按照一定的变化周期进行更新管理，在保持管理稳定性、连续性的基础上，也要保持一定的现实性。因此在“水保斑”应用过程中需要研究建立一套更新模式方法。本研究以南方红壤区样区（王村）为例，进行了更新实践研究。

6.1　更新内容与指标

“水保斑”对象的边界和属性信息是水土保持管理单元的主要内容，也是支撑水土保持各项业务开展的重要内容，因此斑块的边界和属性是更新的主要内容。斑块属性数据的更新相对较为简单，对照相应的斑块属性指标数据变化情况，可直接在空间斑块单元的属性数据库表中进行单独或批量属性值更新。而斑块边界的更新较为复杂，本研究重点对斑块边界的更新进行论证分析。

基于“水保斑”划分指标的选取以及融合原则与方法可知，影响“水保斑”边界的划分指标主要包括土地利用、面状水土保持措施、植被类型、地形地貌、土壤类型等。其中，①土壤类型：在短时间内基本无变化，因此在“水保斑”边界更新时不考虑该指标的影响；②地形地貌：变化较为缓慢，即时人为活动造成的地形地貌微变换也能在地表覆盖上得以体现，因此地形地貌也不作为“水保斑”边界更新考虑的指标；③植被类型：基于植被类型与土地利用类型的关系，不再将植被类型作为“水保斑”边界更新考虑的指标；④面状水土保持措施：在“水保斑”划分指标土地利用分类体系中已充分考虑了面状水土保持治理措施，因此不再将面状水土保持措施单独作为“水保斑”边界更新考虑的指标。

综上所述，对“水保斑”边界更新主要考虑的指标为土地利用和治理措施。在“水保斑”边界更新的基础上对其属性信息进行统一更新，保证“水保斑”的总体现实性和一致性。

6.2　更新原理与方法

6.2.1　更新分析方法

土地利用与治理措施更新方式主要是基于遥感影像的变化检测的方法。通过文献研究分析，相应的更细方法主要有直接比较法、分类后比较法和面向对象变化检测3种（彭

博,2013)。直接比较法是对不同时相相同区域的遥感影像光谱信息进行直接比较分析,查找变化的区域并进行人工解译或分类变化更新。分类后比较法主要是按照统一分类标准对不同时相遥感影像分别进行分类处理,进而比较分类结果获取变化的类型和位置。面向对象变化检测法是指应用前时相矢量数据将不同时相遥感影像进行裁切形成影像对象,对不同时相的影像对象进行特征分析,对比不同时相相应影像对象的特征差异,提取变化区域,结合人机交互方法提取变化类型(赵玲玲等,2015;梁坤等,2017)。

"水保斑"的更新是在已有历史矢量数据的基础上,将数据更新为当前时相。通过对当前常用变化检测方法的分析可见,直接比较法主要是将不同时相的影像进行变化检测,噪声多且阈值不易确定,不适用于"水保斑"的变化更新;分类后比较法需要提取不同时相的分类结果进行对比,主要目的是获取两个时相分类结果的变化信息,而"水保斑"更新的主要目的是获取当前时相的"水保斑"提取结果,因此本算法不适用于"水保斑"的更新。而面向对象变化检测法是基于矢量数据或地理实体进行变化检测并提取变化的类型,与"水保斑"的更新要求相符,适用于"水保斑"的更新。因此,本研究选用面向对象变化检测法作为"水保斑"更新的主要方法思路。

6.2.2 更新技术路线

将"水保斑"与两期遥感影像配准、叠加,应用"水保斑"边界对遥感影像进行分割,构建影像对象单元,对两期影像单元进行标准差计算。对比两期影像单元的标准差差异,形成变化检测特征值,分析两期影像单元差异性,差异性越大说明变化的可能性越大。通过设定一定的阈值,筛选出可能变化的影像单元。根据判断的变化影像单元,采用人工解译的方法进行解译,将解译的变化"水保斑"矢量图层与未变化的"水保斑"矢量图层合并为一个图层。经过拓扑检查、修正和属性值更新,获取更新后的"水保斑"。在"水保斑"边界更新的过程中需要充分考虑水保斑划分的原则。具体的更新技术路线见图6-1。

6.3 更新流程与结果

6.3.1 更新实践流程

采用2014年和2015年两期"高分一号"卫星遥感影像,对南方红壤区样区(王村)进行更新实践。按照更新技术路线,主要流程包括影像分割、特征提取、变化分析、斑块边界更新、拓扑检查修改和属性更新等流程环节,具体实践操作如下。

6.3.1.1 影像分割

将"水保斑"现状图与两期遥感影像图匹配、叠加,利用"水保斑"的图斑边界将影像图分割为多个影像单元,遥感影像分割示意图见图6-2。

6.3.1.2 特征提取

影像对象的标准差(均方差)可反映影像对象象元值的离散程度,即纹理的均一程

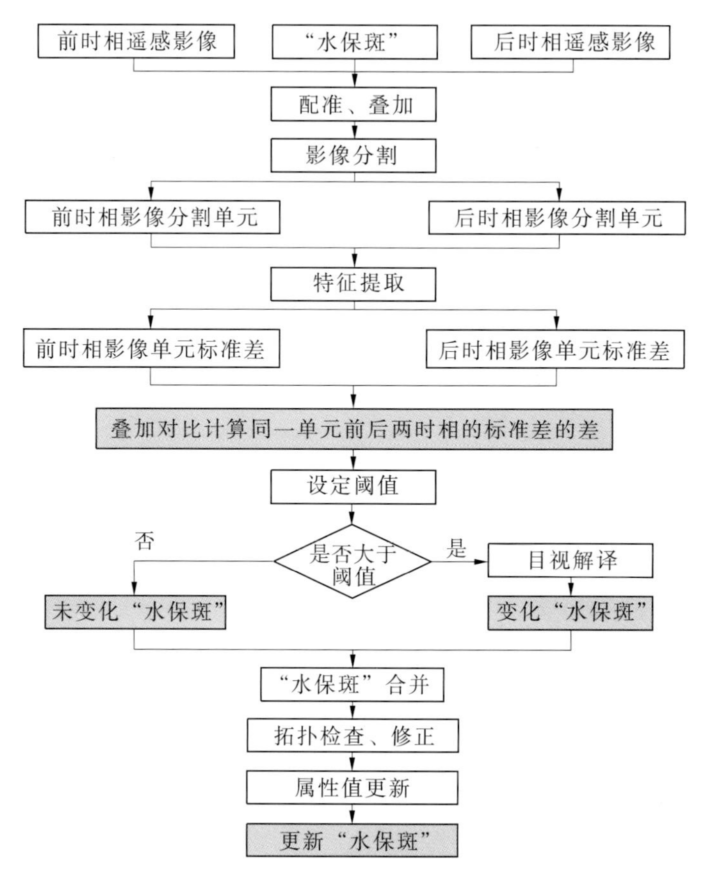

图 6-1　更新技术路线

度,纹理越粗糙标准差越大,纹理越均一标准差越小。当两期对应影像对象的纹理发生明显变化时,其标准差发生变化,纹理变化越明显,两者之间的标准差差异越大,见表 6-1。因此本研究将两时相影像对象的标准差差异作为两期影像对象变化检测的特征值。标准差,又称均方差,在本研究中指象元值方差的算术平方根,计算公式如下:

$$\sigma = \sqrt{\frac{1}{N}\sum_{i=1}^{N}(x_i - \mu)^2} \tag{6-1}$$

式中　σ——影像对象标准差;

μ——影像对象中象元均值;

N——影像对象中象元数;

i——影像对象中象元的序号;

x_i——影像对象中第 i 个象元的象元值。

变化检测特征值选用两时相影像对象的标准差差值,即

$$B = \left|\sigma_{时相1} - \sigma_{时相2}\right| \tag{6-2}$$

应用分区统计工具,提取两期影像分割单元的标准差,作为两时相影像对象变化检测分析的基础数据,见图 6-3。

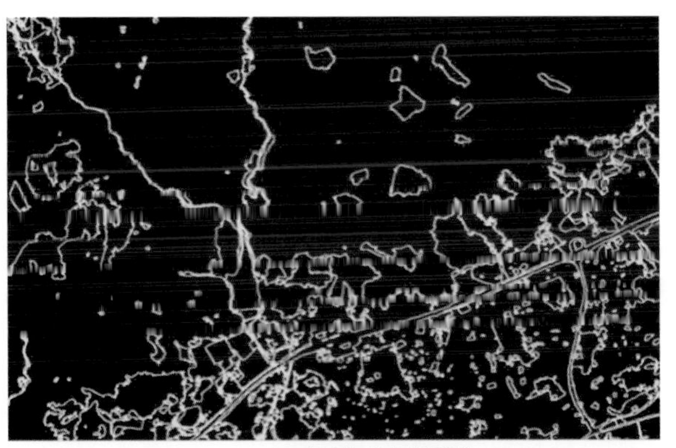

(a) 矢量“水保斑”

(b) 裁切遥感对象

图 6-2　遥感影像分割示意图

表 6-1　特征分析

序号	影像及标准差		标准差异	说明
	2014 年	2015 年		
1	 56. 437 0	 113. 756 4	57. 319 4	两时相影像对象内部变化明显,标准差差异明显

续表 6-1

序号	影像及标准差		标准差异	说明
	2014 年	2015 年		
2	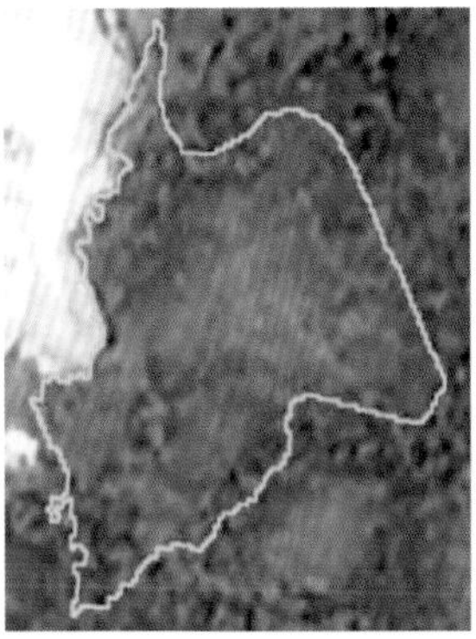 41. 644 8	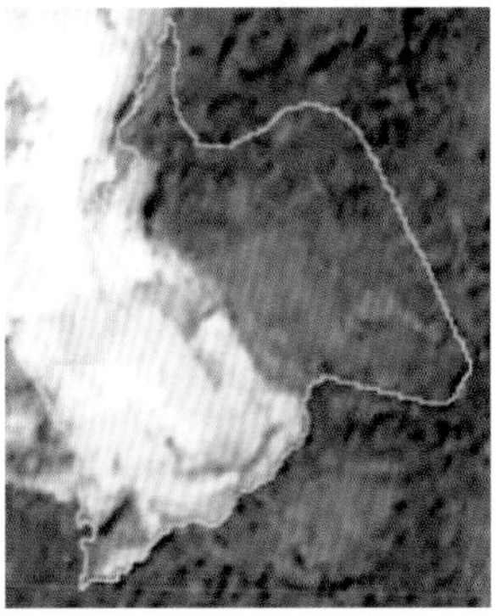 146. 649 9	105. 005 1	两时相影像对象内部地类由一种变为两种，标准差差异明显
3	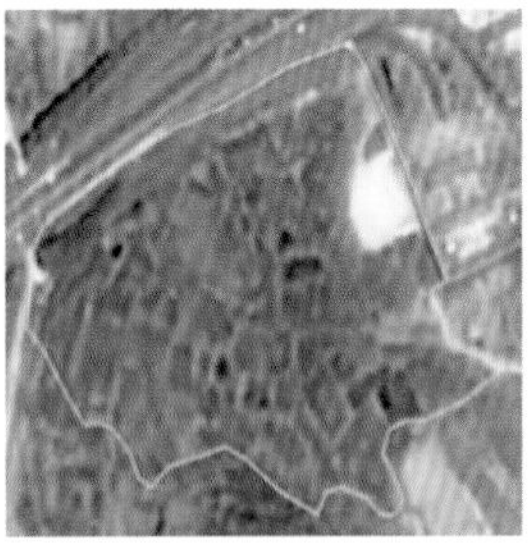 77. 854 9	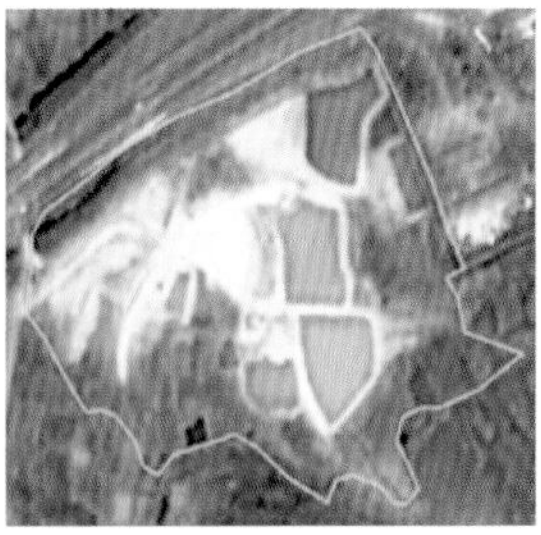 114. 818 2	36. 963 3	两时相影像对象内部变化明显，标准差差异明显
4	 70. 121 0	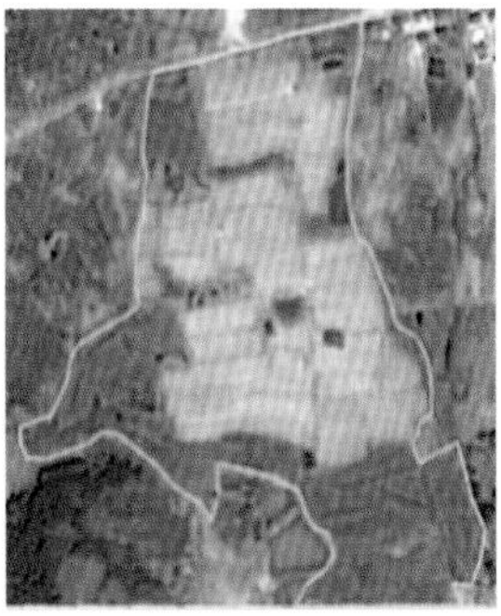 95. 533 6	25. 412 6	两时相影像对象内部变化明显，标准差差异明显

续表 6-1

序号	影像及标准差		标准差异	说明
	2014 年	2015 年		
5	 111. 843 5	 99. 156 5	12. 687 0	两时相影像对象内部变化细微,标准差相差较小
6	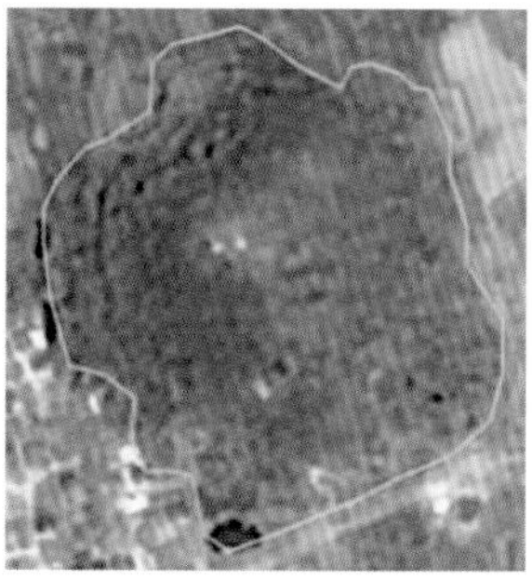 46. 371 4	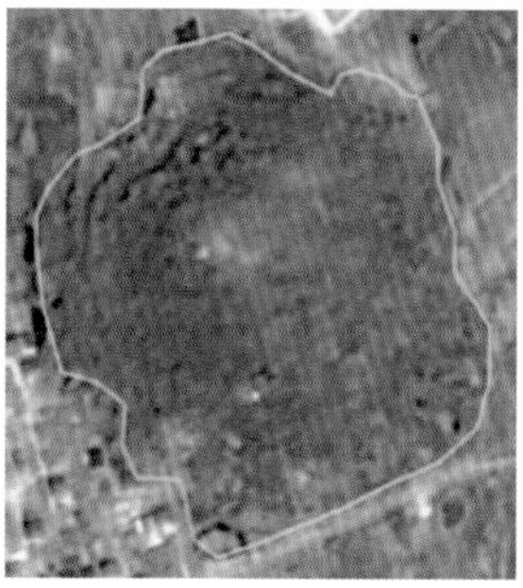 35. 827 0	10. 544 4	两时相影像对象内部变化细微,标准差相差较小
7	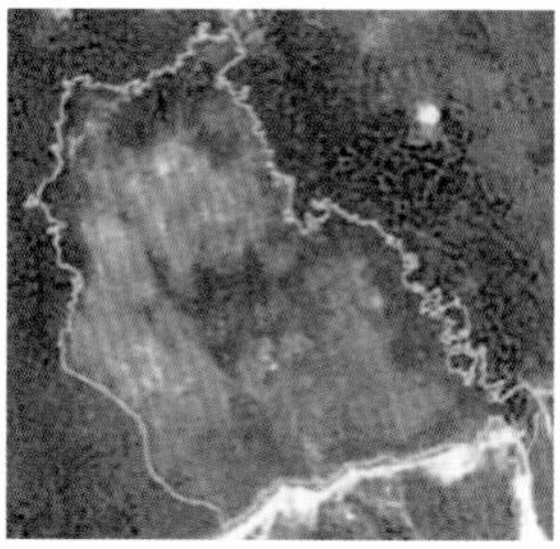 57. 111 8	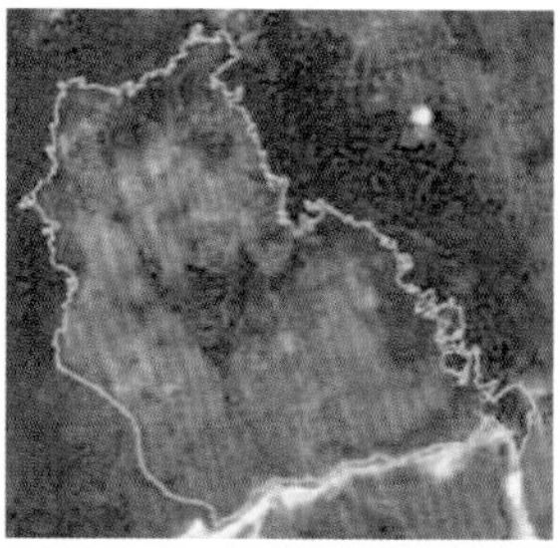 61. 171 7	4. 059 9	两时相影像对象内部变化细微,标准差相差较小

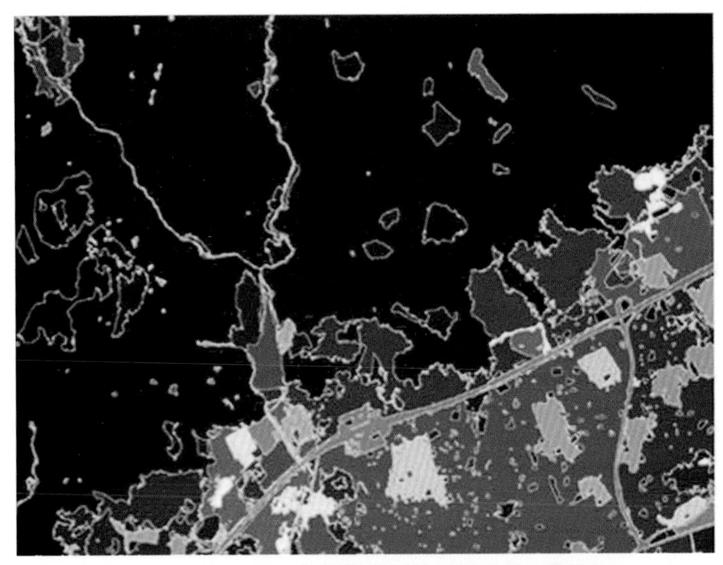

(a)2014 年影像分割单元标准差(前时相)

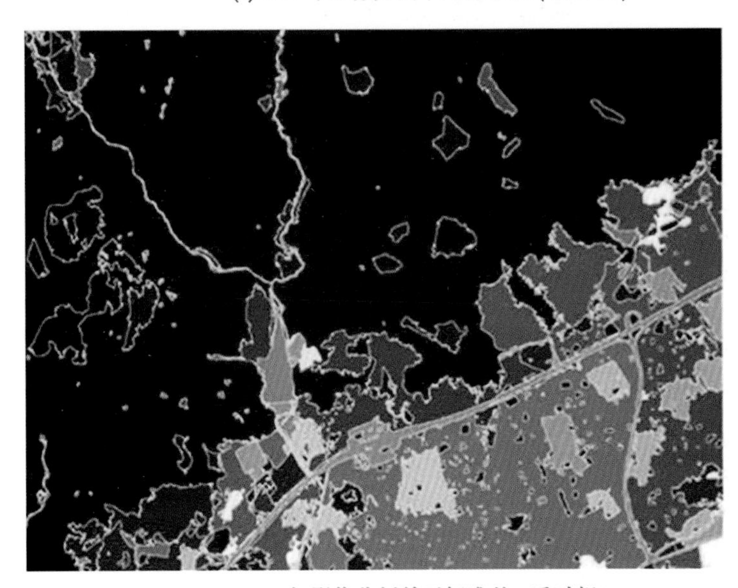

(b)2015 年影像分割单元标准差(后时相)

图 6-3　影像对象标准差提取

6.3.1.3　变化分析

将两期影像分割单元的标准差图进行叠加,计算两期影像对象的标准差差异,形成变化检测特征差异图,见图 6-4。

设定一定的阈值,提取"水保斑"可能变化的影像对象。如两期影像分割单元特征差异大,即影像分割单元内的象元值的聚类区域发生变化,本研究认为该影像单元发生了局部变化或整体变化,见表 6-2。

图 6-4　两期影像分割单元特征差异图

表 6-2　影像单元前后时相变化对比

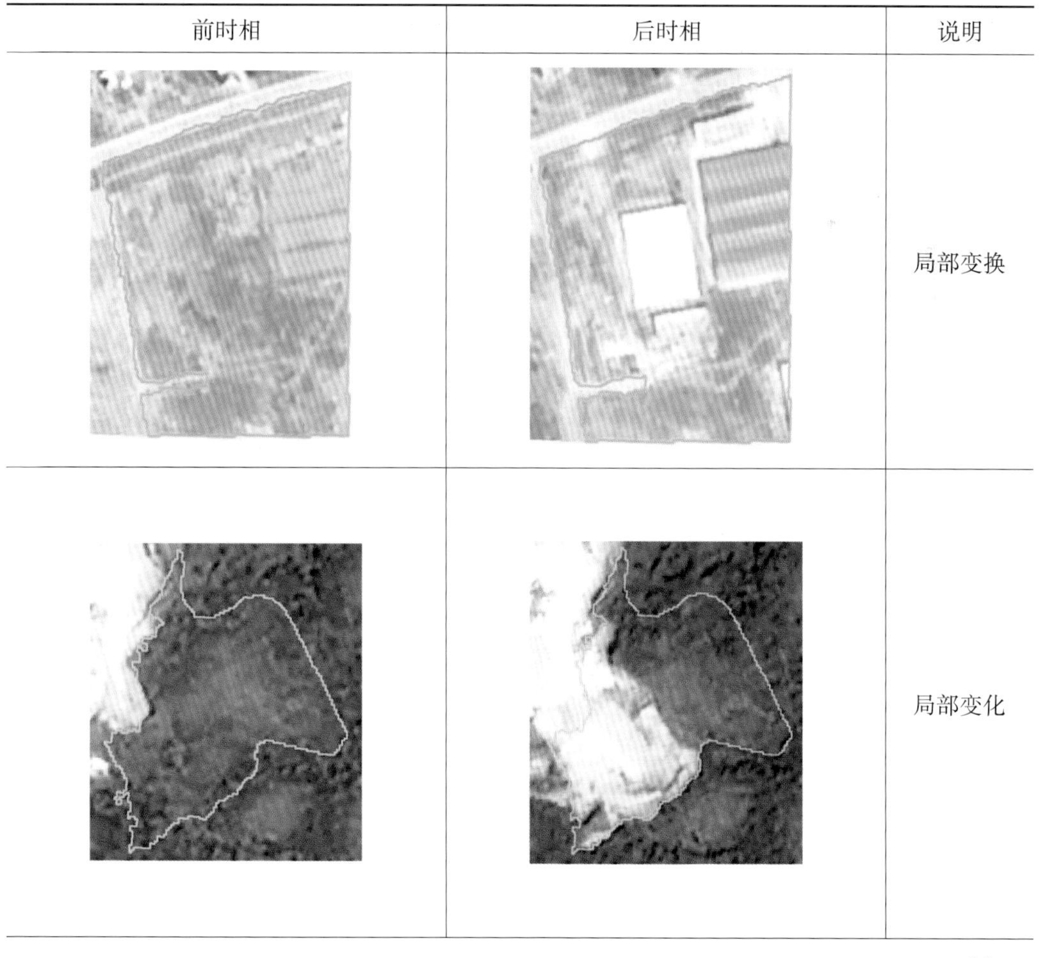

前时相	后时相	说明
		局部变换
		局部变化

续表 6-2

前时相	后时相	说明
		局部变化
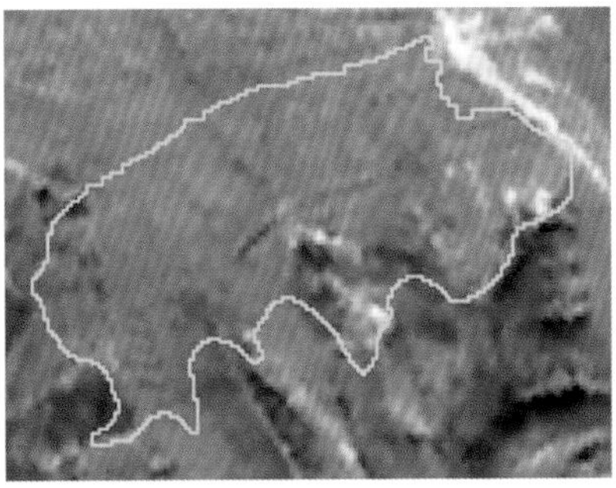		整体变换

6.3.1.4 斑块边界更新

基于设定阈值选取的“水保斑”可能变化影像单元，采用人机交互的方式进行图斑的更新。“水保斑”更新示意图见图 6-5。

6.3.1.5 拓扑检查修改

经过更新的斑块可能存在拓扑上的问题，为保障更新“水保斑”数据的质量，对其进行拓扑检查与修改。

(1)建立拓扑规则。建立两个拓扑规则：①多边形之间不能重叠，包括同类型的多边形之间不能有重叠，不同类型的多边形之间不能有重叠；②多边形之间不能有空隙，即多边形内部或多边形之间不能有空值区域。

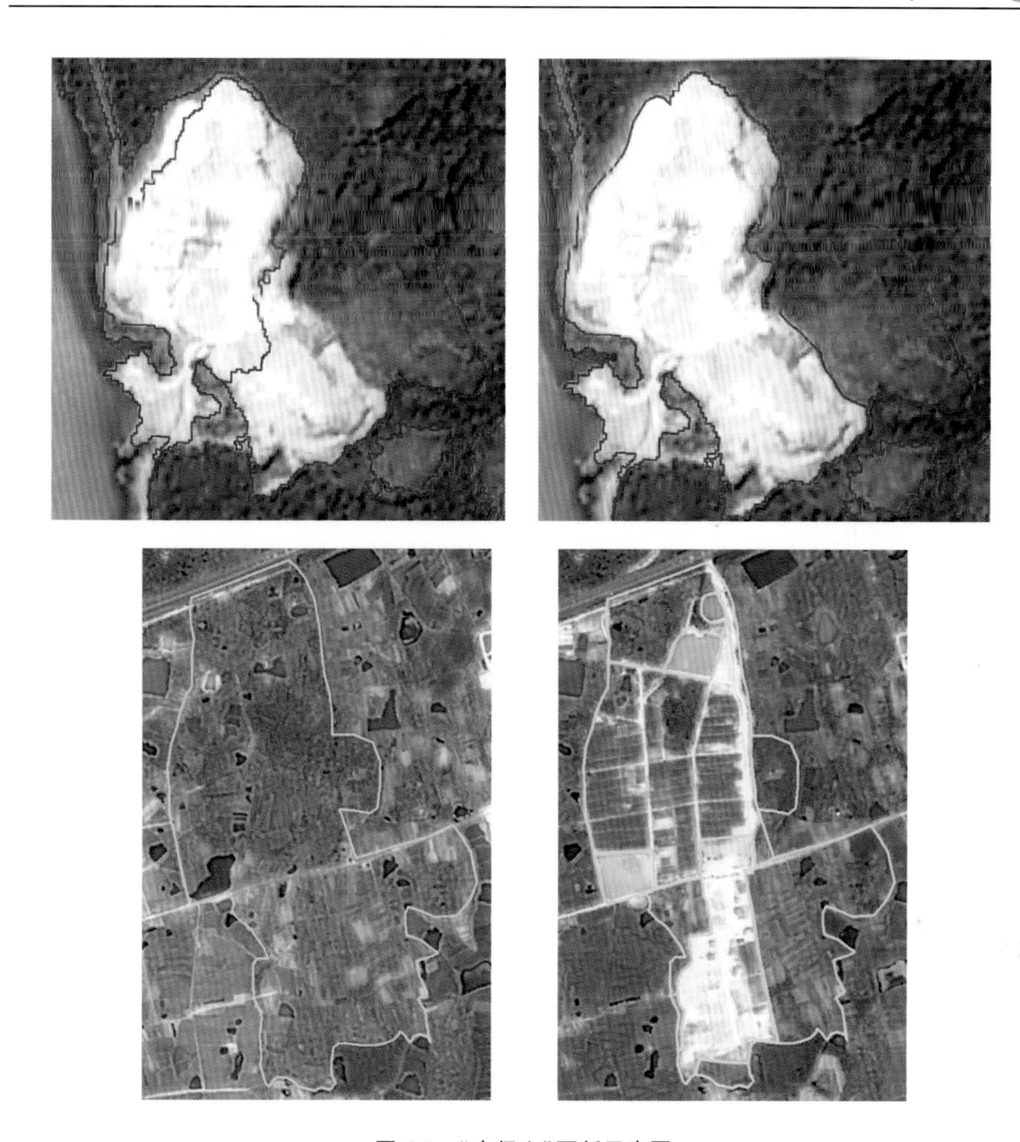

图 6-5 “水保斑”更新示意图

(2)拓扑检查修改。针对“水保斑”图斑之间存在重叠的拓扑错误,将重叠部分进行合并或删除。针对多边形之间存在空隙的拓扑错误,修改方法为调整原来的边界,或添加新的多边形。

6.3.1.6 属性更新

在“水保斑”边界更新的过程中不可避免地会导致其属性信息的变更,除土地利用类型和面状水土保持措施的属性信息的更新,植被类型、地形地貌、土壤类型等属性信息也要做相应的更新。当更新边界后的“水保斑”内的某项属性信息不再单一时,根据“水保斑”的划分原则,对该斑块进行分割,确保斑块内该属性的单一。

6.3.2 更新精度评价

6.3.2.1 评价方法

更新精度评价主要分析区域内的变化区域是否全部更新，且更新后斑块的边界和属性信息是否正确。本研究中“水保斑”的更新思路是应用算法识别变化区域、人机交互的方式进行“水保斑”的边界和属性更新，因此“水保斑”的更新精度评价的重点放在变化区域识别的精度上。“水保斑”更新的精度评价指标确定为错提率和漏提率。

(1)错提率。指区域内算法识别的变化“水保斑”实际并未变化的数量占算法识别变化“水保斑”的总数。

$$C = \frac{w}{b} \times 100\% \tag{6-3}$$

式中 C——错提率；

w——区域内发现的变化“水保斑”中实际并未发生变化的“水保斑”数量；

b——区域内发现的变化“水保斑”数量。

(2)漏提率。指区域内变化“水保斑”未被发现的数量占区域内“水保斑”变化的实际总数量的比值，见下式：

$$L = \frac{s - b}{s} \times 100\% \tag{6-4}$$

式中 L——漏提率；

b——区域内发现的变化“水保斑”数量；

s——区域内实际发生变化的“水保斑”总数量。

6.3.2.2 评价结果

本研究选择以南方红壤区样区(王村)为例，进行了“水保斑”更新和精度评价，评价结果错提率为50%，漏提率为5.88%。从精度评价结果可见错提率较高，漏提率低，说明本研究应用的提取变化“水保斑”的算法基本可实现区域范围内变化“水保斑”的发现，但由于不同时相影像获取时的季节、天气、光照等差异使未发生变化“水保斑”的光谱和纹理差异增加，算法误判为变化“水保斑”；或者一个“水保斑”内部占面积比较小的区域发生变化，对整个“水保斑”的标准差影响不大，导致算法无法发现，造成漏提。具体的分析见表6-3。虽然错提率很高，但漏提率较低，这说明基于此方法在发现变化的图斑过程中，绝大部分变化的图斑都进行了提取，漏掉的不多，只不过是已经提取变化图斑中有接近一半的图斑不是真正的变化图斑。生产实践中，根据错提图斑类型的归纳总结，人为进行手动删除错提图斑比重新勾绘变化图斑的工作量较大减少，可以大幅度提升实际变更工作的效率。

表 6-3　错提与漏提情况分析

分类	前时相	后时相	说明
错提	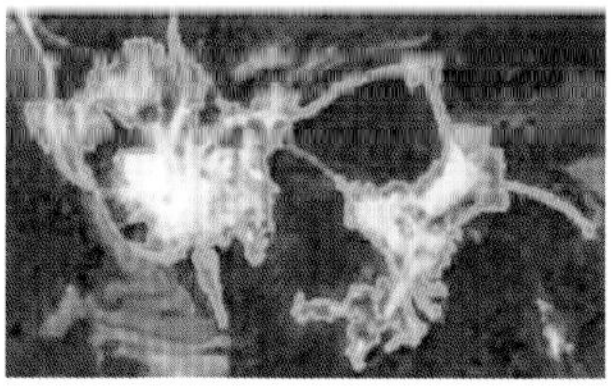	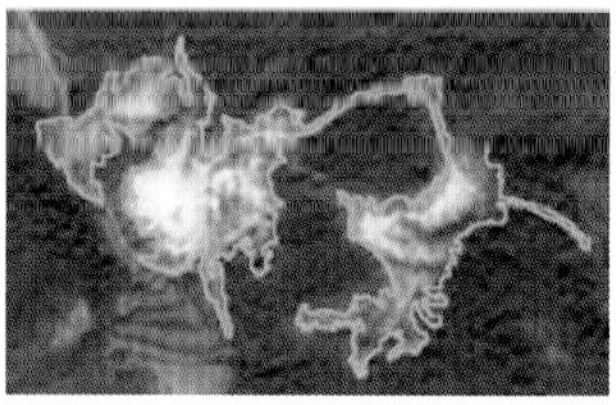	两时相影像拍摄的季节差异,“水保斑”内的植被信息导致两时相“水保斑”的标准差差异增大
错提	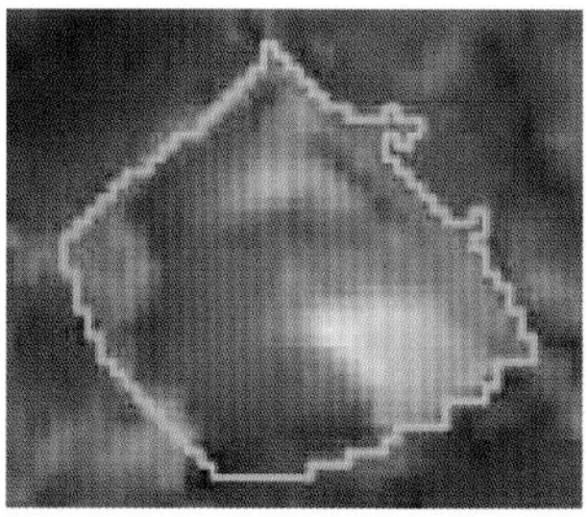	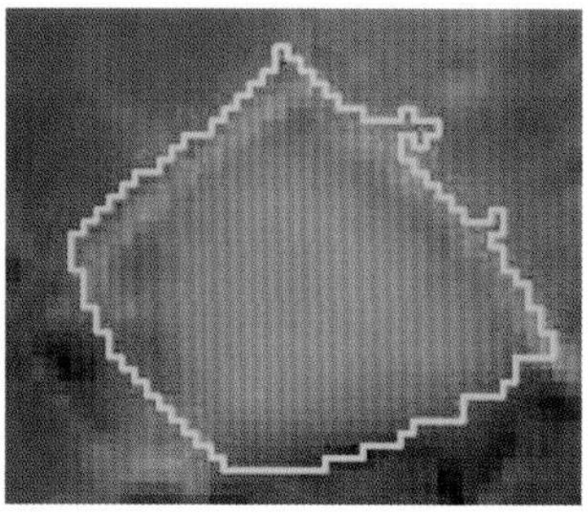	影像拍摄时间差异,水体分别处于枯水和丰水期,导致纹理和光谱差异增大
错提	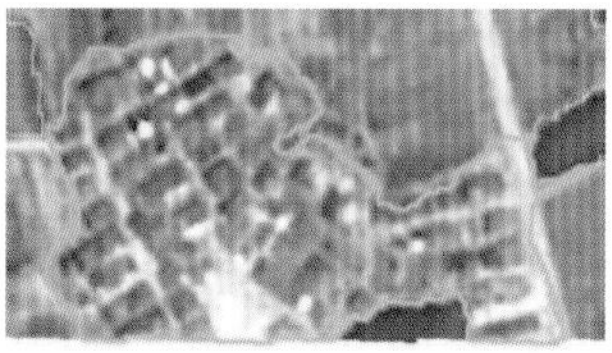	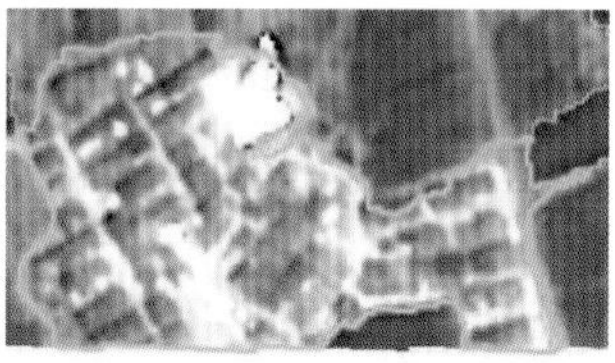	后时相由于有云干扰,导致两时相“水保斑”的标准差差异增大
错提	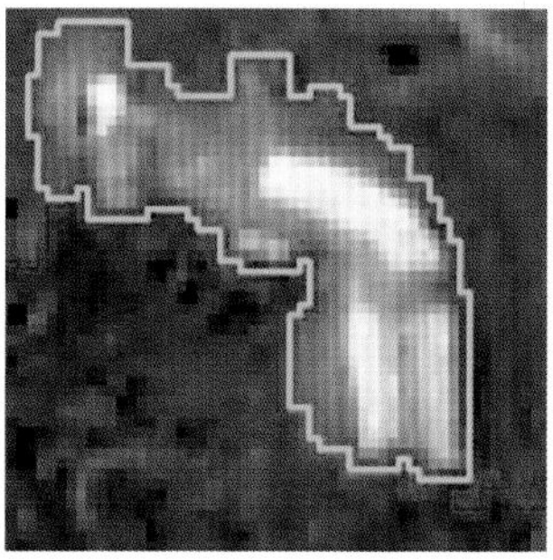	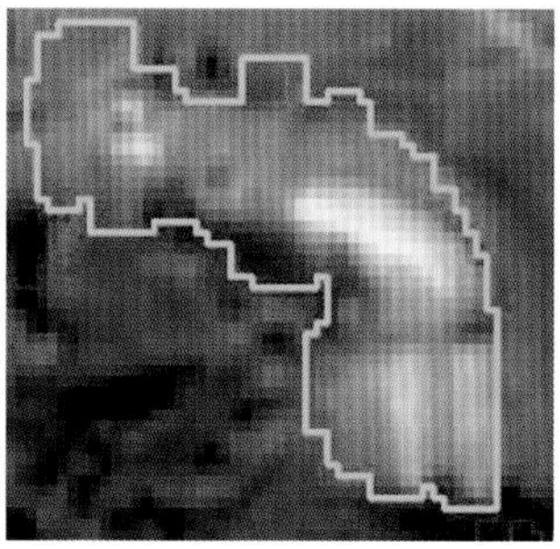	两时相影像拍摄的季节差异,“水保斑”内的植被信息导致两时相“水保斑”的标准差差异增大

续表 6-3

分类	前时相	后时相	说明
漏提			变化区域占“水保斑”面积比较小，对“水保斑”的整体标准差影响不大
漏提	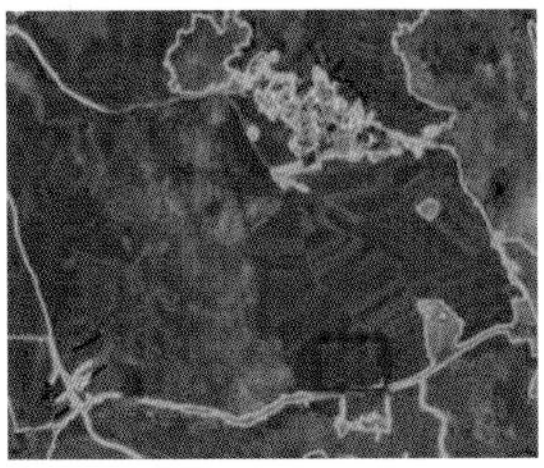		变化区域占“水保斑”面积比较小，对“水保斑”的整体标准差影响不大

6.4　更新频次分析

“水保斑”作为水土保持基础空间管理单元，其更新频次的确定关系到土壤侵蚀监测、水土流失综合治理等业务应用。土壤侵蚀监测评价中需要对不同时期的水土流失影响因子及其变化情况进行分析对比，来反映区域水土流失动态变化及其治理成效。土壤侵蚀动态监测如果开展频次过低、间隔时间过长，就不能及时掌握水土流失变化情况，影响政府规划、计划制定以及生态环境宏观决策；如果开展频次过多、过于频繁，也不能充分反映水土流失的实际变化情况，具体的实际意义不大，同时还会造成人力、财力和物力的浪费。基于此，全国水土流失动态监测（水土流失调查）采用每年部分开展水土流失动态监测，5 年完成覆盖全国的监测，针对重点省、重点流域、重大开发建设项目可根据实际情况每年开展动态监测，且从不同区域的土壤侵蚀时空格局变化分析的时间跨度可见，多为 5 年或 10 年。

从水土保持综合治理方面分析,综合治理项目一般要求当年设计、当年实施、当年竣工,因此在“水保斑”的更新频次为一年一次的情况下,用户可基于相邻两时期的“水保斑”信息中获取的综合治理项目初步设计时的土地利用、水土保持现状,以及综合治理项目措施竣工信息,用于综合治理项目的监管。综合治理项目中不同治理措施的生效时间存在差异,从一般实际情况来看,梯田、淤地坝、造林整地工程等当年实施当年有效;种草措施一般第二年有效;水土保持灌木林一般3年以上有效;乔木林一般5年以上有效。

综上所述,“水保斑”可借鉴水土流失动态监测的时间频次,即根据管理工作需要,每年开展部分区域“水保斑”的更新,5年全国区域范围内更新一遍,重点区域可根据需要每年更新。

第7章　基础空间管理单元应用模式研究

“水保斑”概念的提出与构建实践，其最终目的是在水土保持行业管理实践中进行应用，只有充分进行应用并发挥出应有的目的与作用，才能真正实现其价值与意义。本研究重点针对目前水土保持管理实践中最为迫切的应用需求，坚持问题导向和目标导向，研究提出了总体应用框架，并围绕空间管理体系框架构建、监测评价、综合治理和预防监督等方面分别提出了一些应用的模式或方式。本章节应用模式研究主要以分析论述为主，未做案例实证研究，以期为“水保斑”在水土保持行业管理实践中进行应用提供参考思路。

7.1　总体应用模式框架

“水保斑”的建立与应用具有整体性、协同性与渐进性的特点。整体性体现在以“水保斑”为基础统一水土保持监测、治理、监督等业务管理活动，统一社会化共享应用，统一各类基础数据集成。协同性体现在水土保持业务管理、社会化共享应用、基础数据集成等均保持着相互之间的联系与协同。渐进性是指基于“水保斑”的相关应用具有一定的时间先后顺序。因此，按照这些应用特点，从总体上提出了以下应用思路。

7.1.1　空间框架搭建

在第4章基础理论研究中提到“水保斑”具有层次区划基本原理，因此在斑块单元划分过程中就要考虑到这种特性，同时在应用过程中也要充分反映出这种特性。层次区划原理具体体现在要基于一定的空间管理框架进行划分和应用，这是应用的首要考虑，并作为水土保持信息管理的“骨架”。按照不同的空间管理尺度需要，基于“水保斑”提出不同尺度单元定位与组成，构建完善的相互关联关系，形成完整的水土保持空间管理体系，以此为基础作为水土保持监测评价、综合治理和预防监督工作的空间框架基础。具体详见本章7.2节。

7.1.2　基础数据集成

“水保斑”是基于空间划分指标而划定的，斑块本身具备了相应的空间划分指标信息，而这些信息不能满足水土保持行业管理与服务的需要。斑块划定后需要以“水保斑”为对象与核心，对其他相关分析评价指标信息以及社会经济信息、互联网信息进行有机集成，建立水土保持本地数据库，实现信息数据之间的协调与共享，充分发挥水土保持信息资源的作用与价值，为水土保持管理提供科学、精准、高效的信息服务。

7.1.3 行业管理应用

基于“水保斑”建立的水土保持本底数据库，搭建侵蚀评价、综合治理、预防监督等行业应用模式，基于不同时相的“水保斑”开展土壤侵蚀量（强度）、土壤侵蚀动态变化分析，深入、准确、清晰地分析水土流失在土地利用地类、地貌部位、治理区域等因子的变化范围，实现水土流失及其治理关系的综合整体分析，协同推进落实土壤侵蚀环境监测与水土保持综合治理等任务的有效实施。具体见本章7.3～7.5节。

7.1.4 智慧管理决策

社会发展已经进入智慧发展时代，智慧水土保持建设也全面推进。智慧水土保持建设的重点要以水土保持大数据决策分析为核心，提升水土保持科学决策管理能力和水平。大数据分析需要建立形成以“水保斑”为核心结构化框架，在基础上对现有各类水土保持数据进行清理与集成，并做好与国土、林业、农业、环境等行业部门数据之间的衔接共享，真正实现水土保持大数据的数据量大、范围广、覆盖全、粒度深、决策准等要求。

7.2 空间管理框架建立模式

由于政府层级管理机制的存在，自上而下对水土保持空间管理的深度和要求也不相同。当前水土保持空间管理实践之间的层次关系不清晰、关联关系不明确，从宏观到微观尚存在一些管理尺度上的缺项，尚未形成科学合理的体系框架，不足以适应当前水土保持管理的需要。根据国家生态文明建设的总体思路和新时期水土保持事业改革发展的新要求，立足于“水保斑”和现有水土保持空间管理实践现状，建立健全具有明确理论基础的空间管理体系框架，对弥补原有空间管理实践的不足，降低未来水土保持行业管理运行边际成本，提升水土保持精细、高效、现代化管理水平，具有十分重要的现实指导意义。

7.2.1 基本原理内涵

空间管理一般是指按照空间结构单元进行的空间管制。空间结构是指不同类型空间的构成及其在国土空间中的分布，其具有明确的应用特性、尺度特性。不同空间尺度、不同应用需求的空间结构，其组成和特性显著不同。同一尺度的不同空间结构一般具有特征相似性，不同空间结构要素之间（亦即地域单元之间）具有明确相关联性；同一应用需求、不同空间尺度的空间结构之间具有明确的空间包含或继承特性。空间管制是一个从上到下、逐层推进的过程，即将宏观层面的空间管理政策与要求推向微观操作层面。水土保持空间管理体系框架即以空间管理理念为出发点，构建全国统一、空间分层、相互衔接的从宏观、中观到微观的地理空间结构管理单元逻辑框架，以此为基础对各类水土保持业务数据、管理数据以及社会经济数据进行空间集成组织管理，实现不同层级之间协调、统一的空间管理，满足不同管理层次水土保持现代化管理需要。

7.2.2 构建原则与方法

7.2.2.1 构建基本原则

(1)立足现状,有效继承原则。水土保持事业的发展有其复杂、不断演进的历史过程,现存的空间管理实践在特定发展时期有其存在的必然性和现实意义,已深刻融入现行水土保持工作实践之中。在此背景下,对于水土保持空间管理,既需要积极构建高效、统一、协调的空间管理体系框架,又不能急于打破既有的空间管制体制,需要充分依托和继承已形成并广泛应用的空间管理实践成果,进行空间管理体系框架构建。

(2)全面覆盖,层次清晰原则。水土保持空间管理是一个从全国到地方、从宏观到微观、从整体到局部,逐步深入细化的管理过程。体系框架构建应按照水土保持管理需求,建立层级之间关系清晰、定位明确的分层管理体系框架,实现空间管理的层级全覆盖,不仅在宏观层面满足科学规划决策目的的空间管理需求,也要在微观层面满足生产实践性操作管理需求,将宏观的空间规划决策在微观层面能够可定位、可量化、可考核,从而形成一个功能完整的水土保持空间管理层次结构体系。

(3)协调配套,整体一致原则。空间管理体系框架作为一个逻辑层次清晰、相互协调、相互支撑的完整系统,各层次之间既相对独立,又相互补充。在空间管理全覆盖的基础上,应明确空间层次之间相互关联关系和衔接纽带,实现层级之间空间界线的继承与衔接、信息要素的交流与互通。同时体系框架构建要坚持业务管理与行政管理之间关系的衔接与协调,满足业务和行政双重管理需要。

7.2.2.2 构建方法

基于上述构建原则,采取全面分析法和聚类分析法,深入解析现有不同类型的空间管理实践的技术内涵,分析其内在结构和逻辑关系,按照其用途、性质、特点等作为分层分类的标准,将符合同一标准的进行聚类。基于系统分析法,以空间管理体系框架构建作为整体研究对象,将体系框架构建的分层分类及其关联纽带作为主要矛盾及需要协调的关键点,进行已有空间管理现状整合和体系框架内容外延,形成科学合理可行、满足现实管理需要的水土保持空间管理的整体体系框架。

7.2.3 模式体系架构

7.2.3.1 整体逻辑框架

空间管理体系框架采用2维结构图的表达方式,按照纵向和横向两个纬度进行构建,总体表现为"3纵3横"组成模式。纵向维度方面,根据水土保持上下层级空间管理需求的差异性,构建宏观、中观、微观3层空间尺度格局,不同尺度有明确的尺度定位,通过制定及运用相应的管理规则和手段,实现空间上下衔接、互联互通。横向维度方面,按照空间管理的目的及对象要素不同,将空间管理类型分为自然管理、业务管理和行政管理3种类型,3种空间管理形式在宏观、中观、微观各空间尺度方面均有存在,主要体现在宏观方面。自然管理主要是为满足反映自然评价现状,以自然地理要素为主进行区域划分的空间管理,例如流域单元管理;业务管理是指侧重水土保持生态环境治理、监督和保护等管理业务出发的空间管理形式,例如水土保持重点防治区;行政管理即以行政区划单元为主的行政空间管理。

水土保持空间管理体系逻辑框架见图7-1。

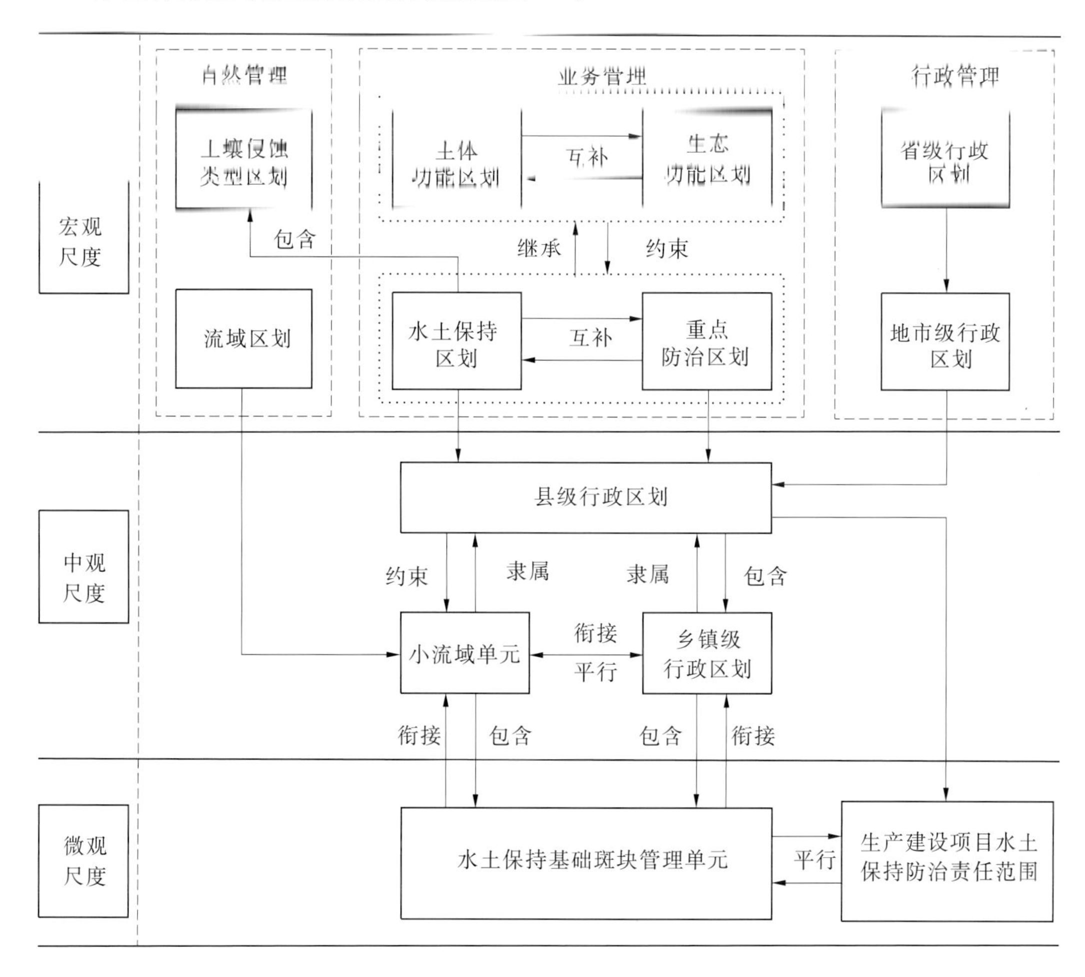

图7-1 水土保持空间管理体系逻辑框架

7.2.3.2 宏观尺度框架

(1)尺度定位。主要是在宏观空间管理尺度内重点实施以综合性政策引导为主的政策管理,实现国家和省级层面对水土保持宏观管理的空间控制性约束。同时,宏观空间管理尺度也是水土保持规划编制、任务制定下达、目标责任考核、成效评估的重要空间管理依据。

(2)内容组成。主要以国家主体功能区划、生态功能区划为总体约束,以水土保持区划(含土壤侵蚀类型区)、水土保持重点防治区划、省级行政区划为核心,形成规范化的宏观管理体系,包括国家和行业两个宏观层面。国家层面主要是国家主体功能区划和生态功能区划,两者属于国家总体控制性区划,都兼具保护自然生态系统和引导区域合理开发的功能。两者紧密联系、相互影响但又存在明显差异,各有侧重,不能替代。其中,生态功能区划是围绕生态环境保护与建设这一核心问题展开,主体功能区划着重从“合理开发”角度进行的区域控制定位,生态功能区划是主体功能区划的重要基础和依据,主体功能区划是保障生态功能区划落实的重要载体和途径。两者都是水土保持行业性区划的约束性前提，目前在相应的区划中均将水土保持作为重要生态功能区划入其中，区划范围保持一致，主要包括黄土高原丘陵沟壑水土保持生态功能区、大别山水土保持生态功能区、桂黔滇喀斯特石漠化防治生态功能区、三峡库区水土保持生态功能区 4 个区域，这 4 个区域均是国家水土保持重点防治区划的范围。行业层面主要是水土保持区划和重点防治区划，两者属于满足水土保持行业管理需要的全国层面控制性区划，分别从土壤侵蚀及水土保持特点规律、水土保持防治控制重点两个角度进行重要的区划，空间范围上有交叉重叠，但均有各自的行业管理需求与必要。

(3)关系构建。在宏观空间尺度内容的关联与衔接上，主体功能区和生态功能区的定位与区划充分参考了水土保持区划和重点防治区划的有关内容，同时将水土保持区划和重点防治区划重要内容纳入了主体功能区划和生态功能区划，通过 4 个水土保持型生态功能区实现了空间有机衔接。水土保持区划和重点防治区划空间上有交叉，但两者区划成果均是以县级行政区划为基本控制单元，通过县级行政单元作为纽带实现两个区划的空间衔接。

7.2.3.3 中观尺度框架

(1)尺度定位。中观层面作为宏观与微观衔接的纽带，是宏观层面的落脚点、微观层面的管控框架，是实施有效空间管控的关键抓手。中观尺度体系框架，也是省级空间控制性约束的重点，是进行省级规划编制、任务下达、目标考核、成效评估的重要空间管理依据。

(2)内容组成。主要以县级行政区划和水土保持小流域单元为重点，以乡镇级行政区划为补充，实现有效的水土保持空间管控；县级行政区划是当前国家行政管理的重点与核心，水土保持行业管理的重要实施主体是县级，同时也是水土保持区划和重点防治区划的基本控制单元，是与宏观尺度衔接的关键纽带。小流域单元一般是指 3 ~ 50 km^2 的小流域单元，是进行水土保持综合防治的空间主体，开展水土流失汇水汇沙分析的基本单元。在水土保持管理与实践中，小流域单元不仅要在小流域综合治理规划设计中进行各类治理措施整体布设时起边界约束性作用，同时也要在空间管控方面发挥作用，例如实现区域内小流域单元的整体划分，以小流域为单元进行水土流失及其治理情况的总体评价，确定重点治理小流域、生态清洁小流域等类型及数量，以此实施更细尺度水土保持空间管理。另外，乡镇级行政区划也应作为中观管理尺度的一个重要组成内容，特别是在风蚀区域和水风蚀交错带，小流域单元界线不宜确定的地区，为便于管理与空间关系衔接，应以乡镇级行政区划为主进行空间管理。

(3)关系构建。县级行政区划作为宏观与微观的关键纽带，在与宏观尺度管理单元保持衔接的基础上，应与小流域单元实现有机衔接。按照水利行业标准《小流域划分及编码规范》(SL 653—2013)有关规定，跨越县级行政边界的小流域应根据行政边界将小流域划分为两个及以上的小流域亚单元，尽量保持县级行政界线和小流域界线的完整性，实现空间包含关系。在特殊的地区适当对小流域单元进行分割，建立小流域单元与相应的类型区划的空间关系。小流域单元和乡镇行政管理单元之间，应保持平行单元关系，县级行政区划以下，山丘区以小流域单元为主，风蚀区域和水风蚀交错带流域界线不宜确定地区以乡镇行政单位为主。跨乡镇行政单元的小流域，在水土保持综合治理任务管理中可将任务统一管理、分解实施。同时，小流域单元应在国家确定的 50 km^2 以上流域空间单元基础上进行划分，实现与上级流域单元的无缝衔接，保持科学合理的流域汇流汇水关系。

7.2.3.4 微观尺度框架

（1）尺度定位。微观层面是实现空间管理的最终落脚点，是保证空间管理机制有效实施的根本保证。以往水土保持空间管理宏观层面过多、微观层面模糊，忽视宏观政策引导与具体空间管制落实互补的必要性，导致诸多管理失效。微观空间管理单元的确定与建立，可实现不同管理层级在微观尺度成果管理的一致性、不同业务内容在微观尺度的连通性。

（2）内容组成。根据本研究，微观尺度上需要建立统一的基础空间管理单元，即“水保斑”，作为微观层面空间管理的核心内容，补充水土保持空间管理体系的空缺，从而形成完整的空间管理体系框架，满足土壤侵蚀监测评价、综合治理设计与成效评估等工作需要，解决基础图斑划定不统一、不协同，同一管理区域内监测图斑数据与治理图斑数据无法实现数据协同，上下层级之间数据及评价结果差异较大，成果无法相互共享和衔接等问题。为满足水土保持管理需要，水土保持基础斑块单元确定应考虑不同水土保持区划与重点防治区划的特点，在重点治理区应按照水土保持综合治理规划设计与土壤侵蚀监测评价两项业务需求进行划分，在重点预防保护区基础图斑单元划分重点是以土壤侵蚀监测评价为主。为满足水土保持监督管理需要，还应将生产建设项目水土保持防治责任范围作为微观层面的管理单元，纳入水土保持空间管理体系，作为对水土保持基础斑块单元的一个补充。

（3）关系构建。水土保持基础空间管理单元处于水土保持空间管理体系框架的最底端，空间关系上要保持与小流域单元的无缝衔接，斑块划分上要保证小流域单元界线的完整性，形成完整的继承关系。斑块单元划分之间也应保持正常的沟道斑块和坡面斑块的汇流关系，从而实现水土保持空间管理“上下贯通、协同一致”。生产建设项目水土保持防治责任范围侧重于人为水土流失管理，变动较快，空间管理使用上与水土保持基础斑块单元并行存在。

7.3 监测评价应用模式

7.3.1 基本模式思路

针对土壤侵蚀监测评价工作中常见的侵蚀评价对象不明或侵蚀评价单元不固定，影响侵蚀评价成果的稳定性、连续性和可分析性等问题，建立形成以“水保斑”作为侵蚀评价的对象和单元，综合集成侵蚀评价指标数据信息，建立侵蚀评价本底数据库，基于土壤侵蚀评价模型，分析评价“水保斑”单元的土壤侵蚀类型及强度状况；根据不同年度变化情况，基于高分遥感影像对“水保斑”单元进行更新，更新发生变化的斑块单元本身信息，同步更新相应的侵蚀评价指标信息，进而分析该斑块单元的土壤侵蚀空间矩阵变化及原因变化情况。

7.3.2 土壤侵蚀评价计算

7.3.2.1 单元指标因子获取计算

以“水保斑”为基础开展土壤侵蚀评价，首要工作是以“水保斑”为单元进行侵蚀评价指标数据的获取与集成。土壤侵蚀评价模型或方法不同，其评价指标数据的种类、数量和内容均不相同。当前常见的土壤侵蚀模式和方法主要有综合评判法、通用土壤流失方程USLE、修正通用土壤流失方程RUSLE、土壤侵蚀模型CSLE等。不同模型中重要的是基于“水保斑”的评价因子计算方式的确定。

降雨侵蚀力因子可在获取区域降雨侵蚀力因子数据之后，以“水保斑”为单元，进行矢量栅格空间分析计算，获取得到每个“水保斑”的降雨侵蚀力因子指标值，为土壤侵蚀评价做准备。土壤可蚀性因子计算中，“水保斑”划分确定过程中包含了土壤类型的空间信息，每个斑块单元具有明确的土壤类型信息。以“水保斑”为单元，基于全国第二次土壤普查数据、土种志资料获取图斑单元的土壤理化数据，采用诺莫图法和公式法计算土壤可蚀性因子。坡度坡长计算，主要有两种计算模式：一种是基于DEM格网数据以栅格单元为对象进行坡度坡长计算，将计算结果数据再与“水保斑”单元矢量栅格数据进行空间分析计算，获取每个“水保斑”单元的坡度坡长指标值；另一种思路是直接将“水保斑”单元与DEM格网数据进行空间分析计算，计算每个“水保斑”单元的坡度坡长值。经实验分析，两种计算模式的结果基本一致，其中第一种计算模式相对简单，第二种计算模式在计算过程中需要进行一些算法程序扩展，因此主要以第一种计算模式为主。其他工程措施、耕作等因子，主要基于“水保斑”属性表中的治理措施，按照工程措施因子赋值表对提取梯田、软埝、水平阶、水平沟、鱼鳞坑、大型果树坑进行赋值，获得工程措施因子值。基于“水保斑”属性表中的土地利用类型的耕地和其他，利用耕作措施因子赋值表，对斑块单元的耕地、当地的耕作措施和轮作措施进行赋值。

7.3.2.2 土壤侵蚀评价与动态变化计算

基于“水保斑”的侵蚀评价指标信息开展土壤侵蚀量定量计算，计算出每个“水保斑”的土壤侵蚀量及土壤侵蚀强度。通过对不同因子图层属性乘积的运算，开展土壤侵蚀量计算。利用土壤侵蚀分类分级评价标准，进行土壤侵蚀强度的划分，进而分析评价获取每个“水保斑”的土壤侵蚀量及土壤侵蚀强度信息，完成整个区域的土壤侵蚀评价工作。土壤侵蚀动态变化分析过程中，降雨侵蚀力、土壤可蚀性、坡度坡长因子在短时间内基本无变化，因此动态分析时不考虑该指标的影响，主要考虑植被覆盖与生物措施因子、耕作措施因子、工程措施因子的动态变化情况。动态变化分析中仅“水保斑”中发生变化的指标因子数据进行更新，并重新进行单元侵蚀计算，获取动态变化后的土壤侵蚀状况数据。

7.3.3 多元时空矩阵分析

基于“水保斑”获取的土壤侵蚀评价结果，除可以分析出土壤侵蚀的类型、强度、面积和分布等基础分析结果外，还可以基于建立的水土保持空间基础信息框架，利用多时期动态更新数据，进行深入的土壤侵蚀时空矩阵分析研究，提出既满足水土保持宏观决策，又满足规划设计、检查管理等日常工作需要的分析结果，扩展土壤侵蚀动态监测数据分析内容，切实发挥监测数据价值，更加直接支撑水土保持行业管理需要。

7.3.3.1 土壤侵蚀时空矩阵分析

土壤侵蚀评价中，除应分析土壤侵蚀类型、强度、面积及分布现状及变化外，还应重点分析不同强度等级之间的强度变化去向，哪些侵蚀影响因素导致侵蚀强度和面积变化，全面充分发挥监测数据在水土保持管理决策中的支撑作用。基于"水保斑"本底数据库及更新数据库，分析不同时期土壤侵蚀状况，根据斑块单元侵蚀强度和面积变化，开展区域土壤侵蚀时空矩阵分析，获取不同强度等级之间的强度变化去向。同时，由于"水保斑"本身作为一个基础空间管理单元，关联了土壤侵蚀影响评价指标因子数据，可以分析不同侵蚀影响指标的动态时空变化情况，进而分析出土壤侵蚀变化原因。例如，哪些区域侵蚀变化是土地利用结构变化因素引起的，哪些是因水土保持治理措施效果引起的，哪些是植被变化因素引起的，哪些是生产建设项目活动引起的。

7.3.3.2 土地利用格局时空矩阵分析

土地利用状况是土壤侵蚀评价和综合治理规划的重要指标。通过分析评价区域土地利用时空格局变化，进而分析评价其对水土流失综合防治的重要影响。基于"水保斑"的本底数据库及其不同时期变更数据库，利用其土地利用要素时空数据，开展区域土地利用格局时空矩阵分析，分析区域影响水土流失的不同土地利用类型时间尺度、空间分布的变化状况，研究不同土地利用类型间变化去向和数量，进而分析其变化的总体特征、时空特征以及影响因素分析，为土壤侵蚀动态变化、水土保持小流域综合治理中土地利用规划布局提供直接的数据决策支撑。

7.3.3.3 治理措施实施影响变化分析

基于"水保斑"中水土保持治理措施时空数据，以及植被覆盖、土地利用时空变化数据和综合治理规划实施数据，以斑块单元为基础建立治理措施时空变化分析模型，分析区域不同水土保持治理措施的变化面积、分布和去向，进而分析不同治理措施保存情况、时空变化特征、治理效益等，对水土保持综合治理成效进行综合评价，为国家水土保持治理工程决策管理提供数据分析支撑。

7.3.4 水沙变化对地表响应分析

地表径流、输沙情况与土壤侵蚀及其综合治理状况紧密相关，准确评估土地覆盖变化和水土保持措施对水沙变化的区域生态环境效应影响，最大限度地减少水旱灾害带来的经济损失，帮助管理者做出合理的战略决策。

7.3.4.1 土壤侵蚀与泥沙变化分析

土壤侵蚀与泥沙关系研究是科研和生产领域关注的重要课题，也是当前难点之一。"水保斑"是在小流域单元的空间框架下实现的，具备完整坡面沟道结构及其相应的流域特性，为实现土壤侵蚀与泥沙关系分析研究提供了结构化数据基础。以小流域或多个小流域对应的流域为单元，将流域对应的水文泥沙观测数据与土壤侵蚀数据进行空间匹配对应，分析不同流域或地区土壤侵蚀与泥沙的关联关系，同时结合斑块单元的土地利用、植被类型与盖度、水土保持治理措施、人为扰动等数据以及流域控制性工程数据，定量分析地表覆盖、治理措施及其变化对土壤侵蚀和泥沙变化的贡献率，为区域、流域泥沙调控和水利工程立项及实施情况评估提供决策分析依据。

7.3.4.2 地表覆盖变化与径流变化分析

基于"水保斑"动态分析不同时间尺度的土地覆盖和水土保持措施组成及其动态变化，获取不同时期流域地表覆盖的演变规律；采用趋势性、突变性、临界指数、历时曲线等分析方法，利用多年的气象水文观测资料，研究分析相应流域不同时期径流量的变化趋势，分析流域径流变化特征及变化程度，进而研究不同时间尺度上径流变化对植被恢复的响应规律。

7.4 综合治理应用模式

7.4.1 基本模式思路

针对土壤侵蚀评价数据与综合治理管理数据脱节、综合治理管理各环节数据不协同的问题，在基于"水保斑"进行基础数据集成和土壤侵蚀评价分析的基础上，进行水土保持综合治理规划设计工作，直观、准确地获取项目区基本情况，评价项目区水土保持综合治理实施的必要性，辅助规划设计实施方案编制，判断措施布设的合理性。同时，对在"水保斑"单元进行分析获取规划设计图斑单元的基础上，对治理措施的实施情况进行遥感和无人机监管，对实施斑块单元治理实施成效进行分析评估，以"水保斑"为单元实施综合治理规划设计、实施监管与分析评估全流程、精细化过程管控，提升综合治理项目实施效益和现代化管理水平。

7.4.2 治理项目规划评价

综合考虑水土流失程度、距水源地的距离、重要性、资金等因素，开展水土保持综合治理规划评价，选取确定综合化治理项目县（项目区）是开展综合治理的首要任务。基于"水保斑"数据构建项目区本底数据，定性、定量、定位地表现反映区域范围内的地表覆盖、地形地貌、土壤侵蚀状况，进而科学合理判断与决策水土保持综合治理项目实施的必要性、紧迫性和重要性，为开展项目综合治理规划评价提供数据支撑，为科学规划与管理提供重要依据。

7.4.3 辅助方案设计与监管

传统的水土流失综合治理设计实施方案的编制采用的形式是地形图结合外业调查，缺乏基础数据，导致实施方案编制外业工作量大、难度高、工作效率低、可重复性差，无法客观全面地反映项目区地表现状，从而使得设计在实施过程中不能因地制宜、变更性强，产生设计成果与验收成果不符的状况。措施布设过程需要基本情况如地形地貌、土地利用、土壤、植被等均可从“水保斑”中直接获取，大幅度地减少了数据采集与分析的工作量。因此，基于斑块的基础信息和遥感影像信息，准确掌握项目区情况，便于开展水土流失综合治理规划设计工作。同时，通过“水保斑”的建立，有利于前期规划设计与后期综合治理监管工作的有效对接，解决规划与实施监管不关联的现状，为实现水土保持综合治理全过程管理奠定数据基础。

7.4.4 实施效果评估

综合治理项目实施效果的评估经常缺乏科学的定量评价数据，不能准确反映综合治理实施的成效。以“水保斑”为全流程的综合治理管理实施后，通过集成的“水保斑”前期基础数据、规划设计、监管实施数据，结合现势性强遥感影像数据，可定性、定量、定位地分析评估综合治理措施空间分布和质量水平，基于不同治理措施效益定额分析评价综合治理项目的生态效益和经济效益，为更全面、直观地了解项目实施情况提供数据支撑，科学评价项目实施成效。

7.5 预防监督应用模式

7.5.1 基本模式思路

依据“水保斑”建立水土保持本底数据库，获取相对固定、有明确量化边界的基本管理单元，为水土保持预防监督建立科学可靠的本底数据，使水土保持预防监督有据可依、有章可查。为科学评价生产建设活动对水土流失的影响进行科学准确的评价提供可能。基于“水保斑”划分结果，为开展水土保持预防监督业务的生产建设项目水土保持方案审批、水土保持监督执法等各项具体工作提供基础数据支撑。

7.5.2 协同水土保持方案审批管理

生产建设项目水土保持方案审查和行政批复的主要要求是，生产建设项目选线选址时必须兼顾水土保持要求，要最大限度地保护现有土地和植被的水土保持功能。根据项目水土保持方案设计的防治责任范围（包含项目建设区与直接影响区），与工程所在区域的“水保斑”进行叠加分析，进而对水土保持方案审批关键点协助进行审核。

7.5.2.1 判定工程选址选线的合理性

根据工程所在区域的“水保斑”的基本属性数据（斑块划分指标数据）、扩展属性数据（通过7.2节空间管理框架及其他水土保持空间数据扩展获取），判断工程选址选线是否处在国家划定的水土流失重点预防保护区和重点治理成果区、崩塌滑坡危险区和泥石流易发区，工程建设区域内是否存在水土保持监测站点、重点试验区、水土保持定位观测站，是否压占农耕地、水浇地、水田等基本农田，进而初步判定工程的选址选线是否存在水土保持限制性因素，为水土保持方案审批提供科学可靠的判定依据，提高方案审批管理的科学水平。

7.5.2.2 指导工程取土场、弃渣场的选址

通过“水保斑”基本属性数据及扩展属性数据库，分析建设项目周边区域地形状况、公共设施、工业企业、居民点情况、河流湖泊状况等，对工程取土场、弃渣场的选址提供理论指导与数据支撑。通过分析工程所在“水保斑”的历史数据，获取工程周边区域水土流失动态变化情况，掌握水土流失重点区域、生态脆弱区域及灾害频发区域分布，解决现阶段工程取土场、弃渣场选址过程中现场踏勘工作量大且无法获取选址区域水土流失历史数据的问题。

7.5.3 人为扰动监管与地表扰动动态分析

水土保持工作中除对自然因素产生的水土流失问题进行监测和治理外，更为重要的是对人为扰动行为进行有效监管。传统的人为水土流失监管主要是靠水土保持方案、评估验收行政审批及执法人员现场的监督检查开展，这对生产建设项目是否编报水土保持方案，是否超出项目批复的建设范围产生新的地表扰动，是否按照水土保持方案批复的措施与进度施工等，难以全面、有效监管。以“水保斑”为基础空间单元的水土保持监督执法网络动态开展水土保持监督调查及违法案件反馈与分析，为及时发现人为水土流失风险和及时控制人为水土流失提供了重要的技术保障。

7.5.3.1 区域“未批先建”等违规行为的监管

通过区域“水保斑”本底数据库及变更数据库，重点抽取分析采矿用地、交通运输用地、水域及水利设施用地、城镇村建设用地和其他建设用地等地类的扰动变化图斑数据，与本区域水行政主管部门已批复的生产建设项目水土保持防治责任范围数据进行叠置分析，对生产建设项目水土保持合规性进行判别，为生产建设项目水土保持监管提供依据。

(1)未批先建:存在“水保斑”变化扰动图斑，但没有防治责任范围，说明生产建设项目单位未编制水土保持方案，或者水行政主管部门未通过该生产建设项目的水土保持方案审批，即为未批先建情况。

(2)已批在建:存在“水保斑”变化扰动图斑，且有防治责任范围，说明水行政主管部门已通过该生产建设项目的水土保持方案审批，为已批在建；若扰动范围未超过防治责任范围，即为合规情况；若扰动范围超过防治责任范围，即为违规情况。

(3)批而未建:若存在水土保持方案和防治责任范围，但未存在“水保斑”变化扰动图斑，说明生产建设项目单位已编制水土保持方案，尚未开展施工建设，即为批而未建情况。

7.5.3.2 生产建设项目水土流失风险评估与执法反馈

通过“水保斑”属性数据动态变化情况，及时对水土流失重点区域、水土流失灾害风险区域、潜在危险区域进行重点核查，对照批复的水土保持方案及其防治责任范围，针对未按水土保持方案落实相应措施、弃土弃渣乱堆乱放等现象进行监督执法处理，对无方案设计、无防治措施等项目进行查处。同时，通过“水保斑”更新数据，对已查处的项目进行跟踪反馈，评估分析区域生产建设项目违法违规整改情况，为加强监督执法的重点区域范围、重点行业、重点违法行为等提供技术支撑。

7.5.3.3 分析评估人为扰动活动造成的水土流失影响

科学准确地分析评估人为活动实际造成的水土流失及其治理恢复情况，为制定人为水土流失防治政策和措施提供科学可靠的依据，是水土保持监督管理的重点和难点。水土流失监测、人为扰动活动监管在数据管理单元方面的不统一，导致不能有效分析人为扰动情况及其水土流失和防治状况。基于“水保斑”本底数据库及其变更动态变化情况，对采矿用地、交通运输用地、水域及水利设施用地、城镇村建设用地和其他建设用地等地类的扰动变化数据进行统计分析，从实际扰动角度，对区域生产建设项目及其他人为扰动活动的类型、范围和强度等进行历史变化分析，进而分析区域人为水土流失的面积、强度及其变化，以及人为水土流失在区域水土流失消长变化中的比重、人为水土流失防治效果等，为国家水土保持监督管理与风险防控决策，提供科学、真实、准确的依据。

第8章　研究结论与建议

8.1　结　论

在全面、系统梳理现有水土保持业务应用与管理需求的基础上，基于土壤侵蚀学、水土保持学、自然地理学、景观生态学等基础理论，研究提出满足水土保持工作需要的基础空间管理单元概念，分析论证其理论基础、概念内涵、表征特性及基本原理，提出了一套符合自有特色的基础空间管理单元实践方法体系，为土壤侵蚀监测评价—水土流失综合治理—预防监督等基础数据单元的一体化应用与管理提供技术支撑。

(1)根据水土保持理论和实践需要，提出符合我国水土保持行业特色的水土保持基础空间管理单元——“水保斑”，其定义是土壤侵蚀及其治理地理环境条件基本一致、位置相对固定、边界明确的基础空间管理单元。其基础理论依据主要包括土壤侵蚀学、水土保持学、自然地理学、景观生态学和地图学原理等方面，其表征特性主要有信息综合性、边界明确性、单元稳定性、斑块均质性等，其基本原理包括层次区划、最优尺度、表征模式等，建立了一套水土保持空间管理单元的基础理论。

(2)基于“水保斑”原理与特性，提出了“水保斑”区划的指标体系，包括土地利用类型、植被类型、流域分水线(黄土高原地区增加沟缘线指标)、沟道线和土壤类型等5个方面指标，提出了不同指标的提取分析方法，特别是针对土地利用类型和植被类型研究提出了基于系统工程学的高分遥感工程化模式提取方法，针对沟缘线提出了基于优化地貌特征和深度纹理信息的面向对象多尺度分割和决策树分类的自动提取方法，基于DEM对提取流域分水线和沟道线进行了实践分析。

(3)通过对空间叠置法、语义相似度分析法、继承性分割法3种方法的研究对比实践，得出语义相似度分析法适用于不同区域“水保斑”的划分，该方法遵循最小阈值、重要性以及区域特殊性的原则，切实可行且自动化程度高，成果清晰，并能反映地貌、土壤、土地用途、覆盖特征等方面的组合关系，在空间分布上全覆盖、无缝隙、无重叠。同时，空间叠置法虽易产生大量琐碎图斑，但其操作简单，具有一定的适用性。

(4)在全国6个主要水蚀类型样区开展了斑块划分指标提取与斑块划分实践，划分结果为:6个样区“水保斑”平均面积在13.52～49.45 hm^2，平均面积为25 hm^2。其中，东北黑土区(盛家屯)斑块平均面积约49.45 hm^2，北方土石山区(孙庄子)斑块平均面积为32.33 hm^2，西北黄土高原区(贯屯公社)斑块平均面积为15.08 hm^2，西北黄土高原区(米家堡)斑块平均面积为18.81 hm^2，南方红壤区(王村)斑块平均面积为13.52 hm^2，西南岩溶区(落水)斑块平均面积为18.81 hm^2，相应结果为全面“水保斑”划分提供实践参考依据。

(5)提出了一种适用于“水保斑”更新的算法,即通过对比分析两期影像单元的标准差差异,形成变化检测特征值,筛选可能变化的“水保斑”,通过人机交互的方式解译变化的类型,获取更新后的“水保斑”。以南方红壤区样区(王村)为例,“水保斑”更新精度评价结果:错提率为50%,漏提率为5.88%;错提率较高,但漏提率较低。人为进行手动删除错提图斑,可有效提高“水保斑”的更新工作效率,具备较高的实用价值。

(6)应用模式方面提出了基于“水土保持类型区—小流域单元—水保斑”的中国水土保持宏观到微观的空间管理框架体系,明确了各空间尺度层级的尺度定位、内容组成和构建关系等,并针对土壤侵蚀、综合治理和预防监督等业务提出了“水保斑”的应用模式,为“水保斑”的应用提供了参考思路。

本书研究还存在一些不足,有待深化,具体如下:

(1)本书研究重点集中在水蚀地区,虽然风蚀地区“水保斑”斑块划分思路与方法比较相似,但需通过案例研究给出定量的研究结论,以指导风蚀地区“水保斑”单元划分。

(2)本书研究6个水蚀样区,主要分布在水土流失重点治理区,重点预防保护区的“水保斑”划分指标和方法与重点治理区比较接近,但划分的“水保斑”单元的最优尺度及其划分结果会有区别,还需进一步得出实践定量结果。

(3)“水保斑”更新研究中,评价结果错提率较高,虽对相关原因进行了分析,但还需进一步扩展试验样区研究该更新模式的适用性。

(4)本书研究重点对“水保斑”基本理论、指标论证、划分方法、更新方式、应用模式等全方位进行了研究,在应用模式方面只进行了应用思路分析探讨,还需进一步开展案例分析研究,验证应用效果。

8.2 建 议

“水保斑”是为建立统一的基础空间管理单元、进一步规范水土保持管理活动而开展的研究和实践,特别是在当前水土保持信息化工作加快推进的过程中,作为信息化工作的一项基础性环节必须要加快开展实施和应用,为建立协调完善的水土保持基础数据库,统一水土保持各项管理活动,深入开展水土保持大数据决策分析等工作奠定坚实的基础。建立覆盖某一行政区域或全国的“水保斑”是一项工程量大、耗时长的工程,合理确定可行的组织实施模式尤为重要。特别是“水保斑”的建设是一个满足各级水土保持管理需要的基准斑块单元,在建立实施过程中必须要上下协调一致。在具体实施过程中,提出三种组织实施模式建议:

(1)专项工程实施模式。将建设“水保斑”工作列为一个水土保持专项工程或结合全国土壤侵蚀普查工作等专项工作,积极组织有关机构部门或社会企业单位统一组织完成。此模式集中统一实施,推进力度大、进展速度快,有利于成果的规范统一和协同应用。

(2)项目带动实施模式。在年度开展的全国水土流失重点治理工程、水土保持动态监测工程或水土保持信息化项目中,将其纳入项目工程的重要组成部分,分年度、分批逐步组织完成。此方式由项目带动实施,解决了建设资金不足的问题,但增加了成果协调衔接的难度。

(3)地方分级实施模式。统一制订"水保斑"建设的标准要求,各地区在统一的技术框架下,分区、分片逐步实施。此方式分散独立实施,工作开展机动灵活,但由于各地区经济、业务发展情况不同,推进进度无法统一,保障成果质量是该模式的重点和难点。

另外,在建设"水保斑"过程中,应重点关注以下四方面技术实现环节:

(1)以小流域单元为基本控制单元。无论是统一组织实施还是分级逐步实施,均应在统一的小流域单元的控制下完成单元划定。以小流域单元为控制基准,才能保证"水保斑"的划定符合我国小流域综合治理的成功模式理念,满足水土流失综合治理规划、设计和实施等实际工作的需要。同时,以小流域单元为基准,将有效减少斑块之间衔接的工作量,有效提高区域乃至全国"水保斑"集成的数据质量效果。因此,小流域单元的划定将是"水保斑"划定的一个基础工作。

(2)以遥感影像数据等为基础数据源。"水保斑"的划定属于环境地理区划的一个范畴,依靠现场实地调查,手段技术落后而又成本巨大。随着遥感技术的发展,高分辨率遥感影像数据的精度要求、覆盖程度均能够满足"水保斑"划定的要求,特别是国产民用高分数据大量出现,遥感影像数据的获取成本大大降低,为基于遥感技术开展"水保斑"的划定工作奠定基础。

(3)充分利用国家或行业已有参考数据源。通过协调或购置等方式,最大程度获取国家和行业已有的基础数据资料,避免重复开展类似工作,减少斑块划定的工作量,保障斑块划定的数据质量。土地类型及利用现状数据可充分利用全国第二次土地调查成果资料以及年度土地更新调查数据,根据水土保持业务需求,重新归并或分解行业特点土地利用现状数据;地形数据,充分依靠国家1:5万 DEM 数据和1:1万国家基础地理数据,有条件的地区可利用遥感立体像对数据获取现实性更强的地形指标数据。土壤类型数据要充分依靠第二次全国土壤调查数据成果。

(4)搭建技术协作平台协同开展工作。充分利用各类信息技术手段,统一搭建基础共享数据库,设计开发斑块划分技术工具,通过信息高速网络,搭建"水保斑"区划协作平台,为不同地区和单位协同开展斑块区划工作提供有效的技术实现途径,特别是针对统一组织实施模式,将更加有效地节约建设成本、提高工作效率、保证成果质量。

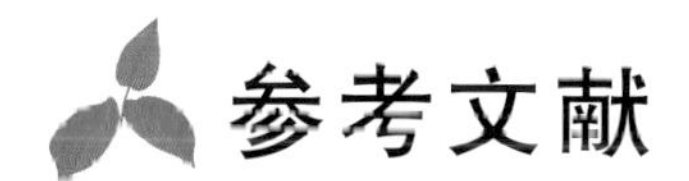

参考文献

[1] 毕华兴,刘立斌,刘斌. 黄土高塬沟壑区水土流失综合治理范式[J]. 中国水土保持科学,2010,8(4):27-33.

[2] 毕勇刚. 北京生态清洁小流域的实践探索[J]. 中国水利,2014(10):13-15.

[3] 曹林. 金衢盆地河流阶地发育和环境变化[D]. 杭州:浙江师范大学,2012.

[4] 陈丹丹,鲁成树,张明峰. 安徽省土地利用综合分区研究[J]. 云南地理环境研究,2009,21(1):57-61,67.

[5] 陈军,赵仁亮. GIS 空间关系的基本问题与研究进展[J]. 测绘学报,1999(2):4-11.

[6] 陈丽,郭青霞,荆耀栋,等. 基于组件式 GIS 的土地利用分区系统设计与实现——以忻州市为例[J]. 国土资源遥感,2011(4):140-146.

[7] 陈丽,梁建娥,郭青霞. 基于 GIS 的忻州市土地利用分区研究[J]. 山西农业大学学报(自然科学版),2011,31(2):161-165.

[8] 陈云川,朱明苍,罗永明. 区域土地利用综合分区研究——以四川省为例[J]. 软科学,2007(1):92-95.

[9] 陈忠,盛毅华. 现代系统科学学[M]. 上海:上海科学技术文献出版社,2005.

[10] 程娟,关欣,李杨. 基于 GIS 技术的湖南省土地分区[J]. 国土与自然资源研究,2015(4):14-17.

[11] 程理民. 运筹学模型与方法教程[M]. 北京:清华大学出版社,2000.

[12] 丛明珠,葛石冰,王仲智. 基于区域战略的江苏省土地统筹利用分区研究[J]. 中国土地科学,2010,24(11):15-19.

[13] 代灵燕. 黄土高原严重水土流失区多尺度 DEM 地形因子分析[D]. 西安:陕西师范大学,2012.

[14] 杜海平,詹长根,杜兴林. 现代地籍的理论与实践[M]. 深圳:海天出版社,1999.

[15] 范树平,程久苗. 国内外土地利用分区研究概况与展望[J]. 广东土地科学,2009,8(4):22-27.

[16] 冯保民,郑崇启. 多元统计分析在土地利用分区中的应用[J]. 河南城建学院学报,2014,23(3):24-27.

[17] 傅涛,候宏晓,倪九派,等. 坡面土壤侵蚀评价模型[J]. 世界科技研究与发展,2001(3):33-36.

[18] 耿国彪. 保护发展森林资源 积极建设美丽中国——第八次全国森林资源清查结果公布[J]. 绿色中国,2014(5):8-11.

[19] 郭嘉,张绒君,王刚,等. 甘肃黄土高塬沟壑区水土保持综合治理生态效益分析[J]. 中国水土保持,2014(11):21-23.

[20] 郭索彦. 水土保持监测理论与方法[M]. 北京:中国水利水电出版社,2010.
[21] 国土资源部,国家统计局. 关于第二次全国土地调查主要数据成果的公报[J]. 资源与人居环境,2014(1):16-17.
[22] 国土资源部.《第二次全国土地调查总体方案》系列解读之二[J]. 北京房地产,2007(10):64-66.
[23] 郭廷辅. 把小流域治理提高到一个新水平[J]. 中国水土保持,1991(4):2-5.
[24] 何志国,杨志敏. 浅析我国森林资源清查体系存在的问题与对策[J]. 湖南林业科技,2012,39(4):80-83.
[25] 胡晓静,叶芝菡,常国梁,等. 基于 ArcGIS 的生态清洁小流域地块划分及应用[J]. 北京水务,2009(2):37-40.
[26] 黄瑾. 面向对象遥感影像分类方法在土地利用信息提取中的应用研究[D]. 成都:成都理工大学,2010.
[27] 黄裕霞,柯正谊,何建邦,等. 面向 GIS 语义共享的地理单元及其模型[J]. 计算机工程与应用,2002(11):118-122,134.
[28] 姜琳,边金虎,李爱农,等. 岷江上游 2000 - 2010 年土壤侵蚀时空格局动态变化[J]. 水土保持学报, 2014,28(1):18-25,35.
[29] 康飞龙. 甘肃黄土高塬沟壑区水土保持综合治理效益研究[D]. 兰州:甘肃农业大学,2016.
[30] 兰樟仁,张东水. 遥感影像多目标优化信息提取模式研究[J]. 农业工程学报,2008(7):155-159.
[31] 郎奎建,王长文. 森林经营管理学导论[M]. 哈尔滨:东北林业大学出版社,2005.
[32] 李炳元,潘保田,韩嘉福. 中国陆地基本地貌类型及其划分指标探讨[J]. 第四纪研究,2008(4):535-543.
[33] 李丹丹,舒宁,李亮. 像斑的遥感影像土地利用变化检测方法[J]. 地理空间信息,2011,9(1):75-78.
[34] 李华,孟宪素,翟刚,等. 基于国土资源"一张图"的综合监管与共享服务平台建设研究[J]. 国土资源信息化,2011(4):27-31.
[35] 李丽辉,龙岳林. 不同植被类型水土保持功能研究进展[J]. 湖南农业科学, 2007(5):90-92.
[36] 李莉,王海清. 地理空间数据挖掘与知识发现——地理单元数据集的研究与开发[J]. 测绘科学,2005(3):24-27,3.
[37] 李敏, 杨昕, 陈盼盼,等. 面向点云数据的黄土丘陵沟壑区沟沿线自动提取方法[J]. 地球信息科学学报, 2016, 18(7):869-877.
[38] 李明聪. 基于叠置分析技术的原型系统的设计与实现[D]. 大连:大连理工大学,2007.
[39] 李盼威. 河北坝上高原与冀北山地交错带木本植物区系研究[D]. 石家庄:河北师范大学,2006.
[40] 李锐,杨勤科,赵永安,等. 中国水土保持管理信息系统总体设计方案[J]. 水土保持

[124] Hiscock K M, Lovett A A, Brainard J S, et al. Groundwater vulnerability assessment: two case studies using GIS methodology[J]. Quat. J. Env. Geol, 1995, 28(2): 179-194.

[125] Ilea D E, Whelan P F. Image segmentation based on the integration of colour – texture descriptors – A review[M]. Pattern Recognition, 2011, 44(10): 2479-2501.

[126] Kite G. Manual for the slurp hydrological model, V. 11[M]. National Hydrology Research Institute, Saskatchewan, Canada, 1997.

[127] Kouwen N, Seglenicks F, Soulis E D. The use of distributed rainfall data and distributed hydrological models for theestimation of peak flow for the Columbia River Basin[A]. Progress Report No. 2, Waterloo Research Institute Waterloo, 1995.

[128] Lin F T. GIS-based information flow in a land-use zoning review process[J]. Landscape & Urban Planning, 2000, 52(1): 21-32.

[129] Lucian D, Clemens E. Automated object-based classification of topography from SRTM data[J]. Geomorphology, 2012, 141-142(4): 21.

[130] Neitsch S L, Arnold J G, Kiniry J R, et al. Soil and water assessment tool theoretical documentation/version 2000[R]. Temple, Texas, Grassland, Soil and Water Research Laboratory, Agricultural Research Service, 2011.

[131] Qi S, Sun L D, Sun B P. Study on Small Watershed Management and Agricultural Development Technique in Semi-arid Hilly-gully Region of Loess Plateau[J]. Forest Ecosystems, 1998(1): 22-31.

[132] Qi Y, Huang F, Qi X. Feature extraction and scale analysis based on Quickbird image using object-oriented approach[J]. Proceedings of SPIE-The International Society for Optical Engineering, 2008, 7147: 27.

[133] Renard K G, Foster G R, Weesies G A, et al. Predicting soil erosion by water: aguide to conservation planning with therevised universal soil loss equation (RUSLE)[A]. In: Agricultural Handbook No. 703[C]. Washington D C: USDA, 1997: 404.

[134] S Dutta, Chakladar N D. Detection of tool condition from the turned surface images using an accurate grey level co-occurrence technique[J]. Precision Engineering, 2012, 36(3): 458-466.

[135] Sheng J, Tang G, Kai L. A new extraction method of loess shoulder-line based on marr-hildreth operator and terrain mask[J]. Plos One, 2014, 10(4): 11-20.

[136] T. Blaschke. Object based image analysis for remote sensing[J]. Isprs Journal of Photogrammetry & Remote Sensing, 2010, 65(1): 2-16.

[137] Tom H J, Aniello A, Riccardo C. Flood vulnerability assessment and management[M]. Natural risk and civil protection[M]. E& FN Spon, 1995.

[138] Victor A A Q. Metaheuristics for supervised parameter turning of multiresolution segmentation[J]. IEEE Geoscience & AMP; Remote Sensing Letters, 2016, 13(9): 1364-1368.

[139] Vogt J V, Colombo R, Bertolo F. Deriving drainage networks and catchment bounda-

ries: a new methodology combining digital elevation data and environmental characteristics[J]. Geomorphology, 2003, 53(3):281-298.

[140] Wischmeier W H, Smith D D. Predicting rainfall erosion losses from cropland east of the rocky mountains[A]. In:Agricultural Handbook No. 282,1965: 47.

[141] Yong L. Discrepancy measures for selecting optimal combination of parameter values in object-based image analysis[J]. Isprs Journal of Photogrammetry & amp; Remote Sensing, 2012, 68(1):144-156.

附 图

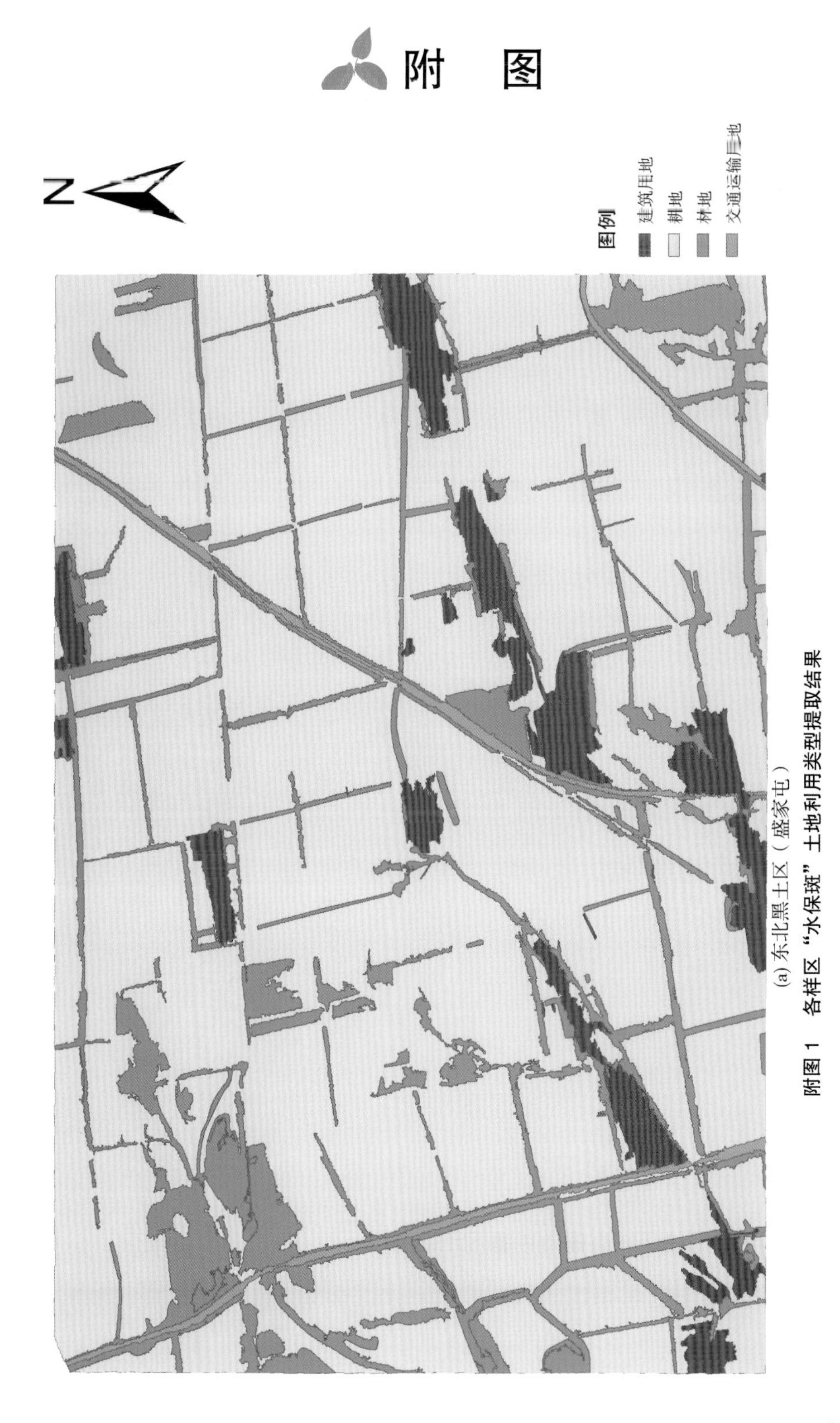

(a) 东北黑土区（盛家屯）

附图 1　各样区“水保斑”土地利用类型提取结果

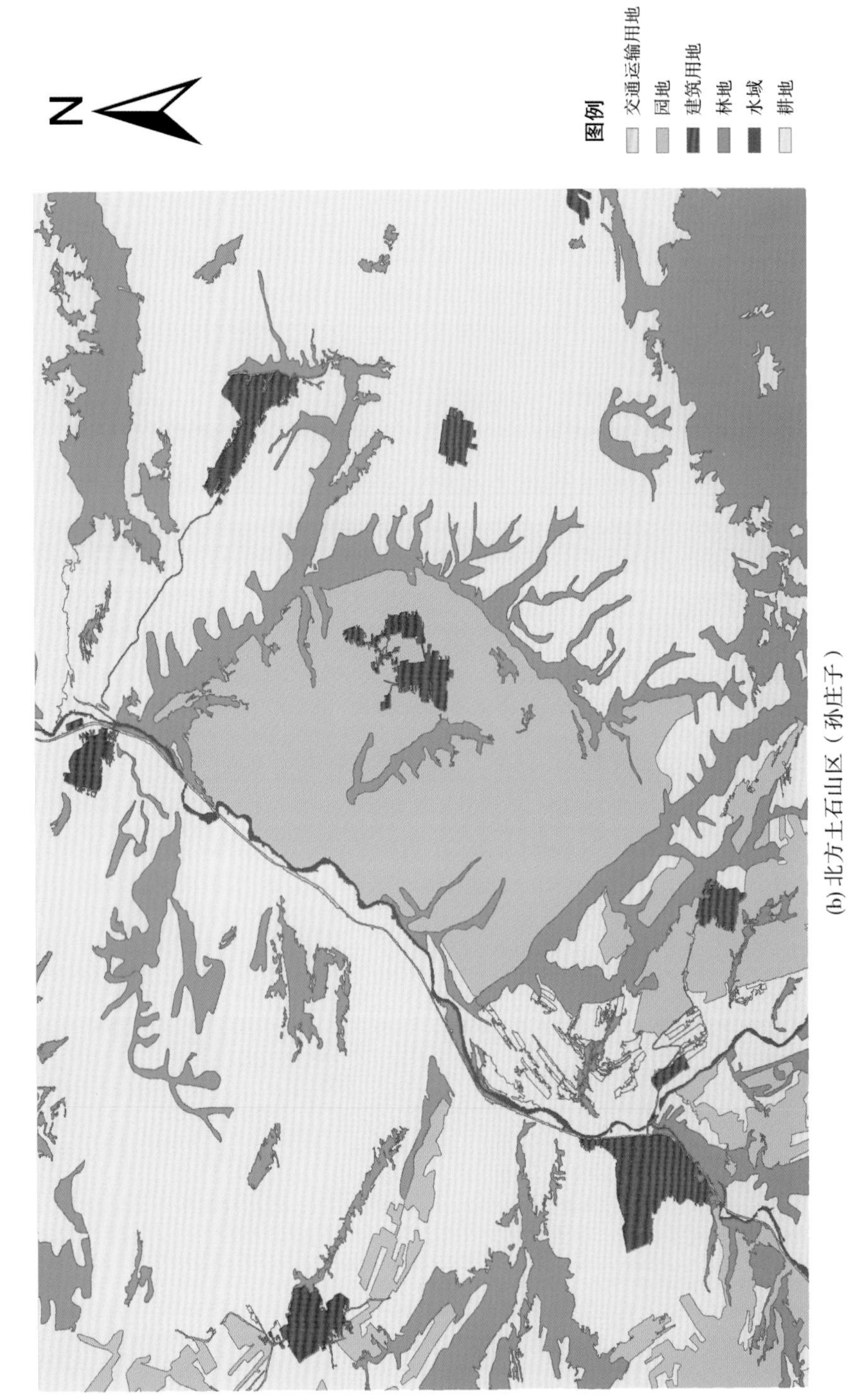

(b) 北方土石山区（孙庄子）

附图 1 各样区“水保斑”土地利用类型提取结果（续）

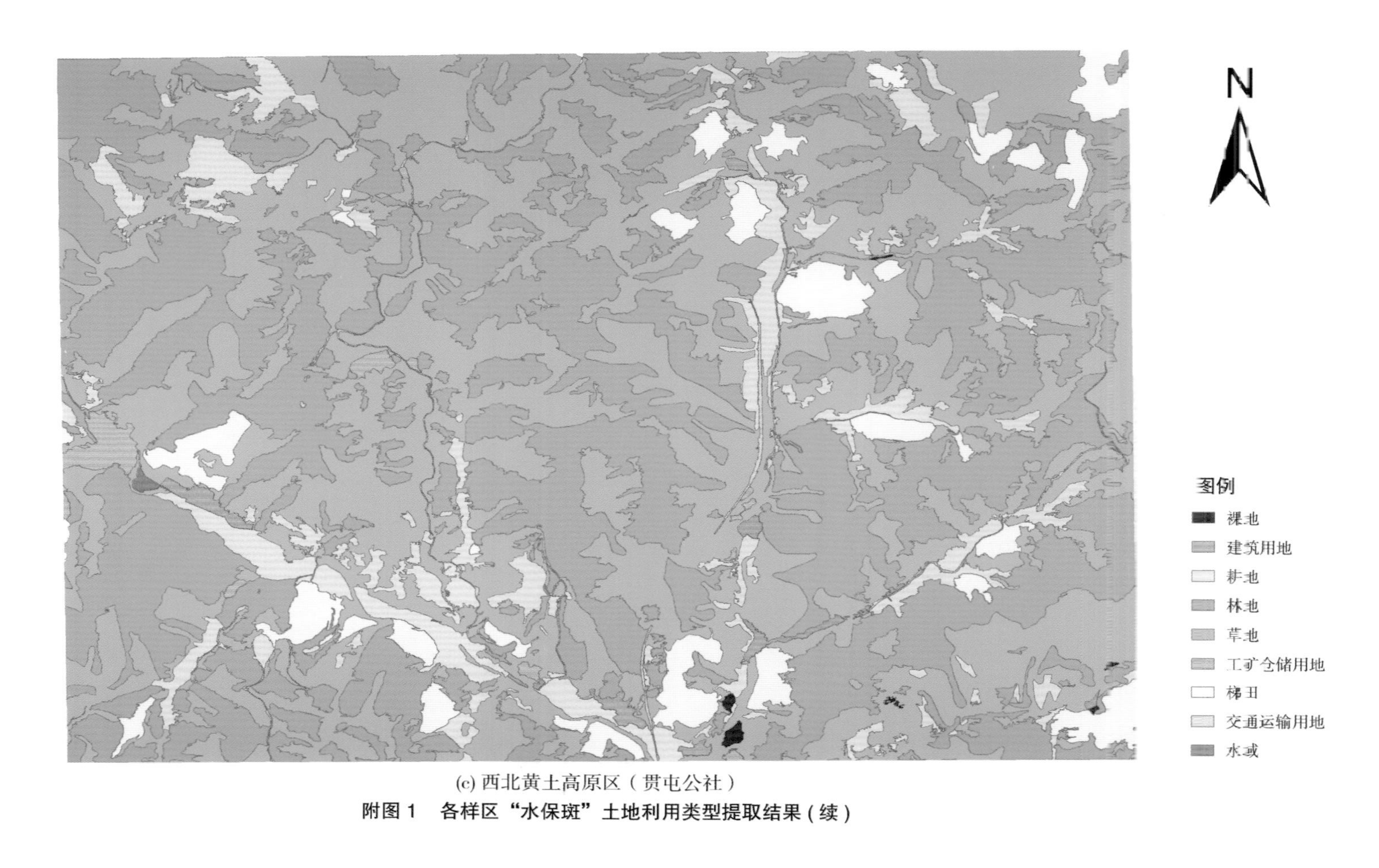

(c) 西北黄土高原区（贯屯公社）

附图 1　各样区“水保斑”土地利用类型提取结果（续）

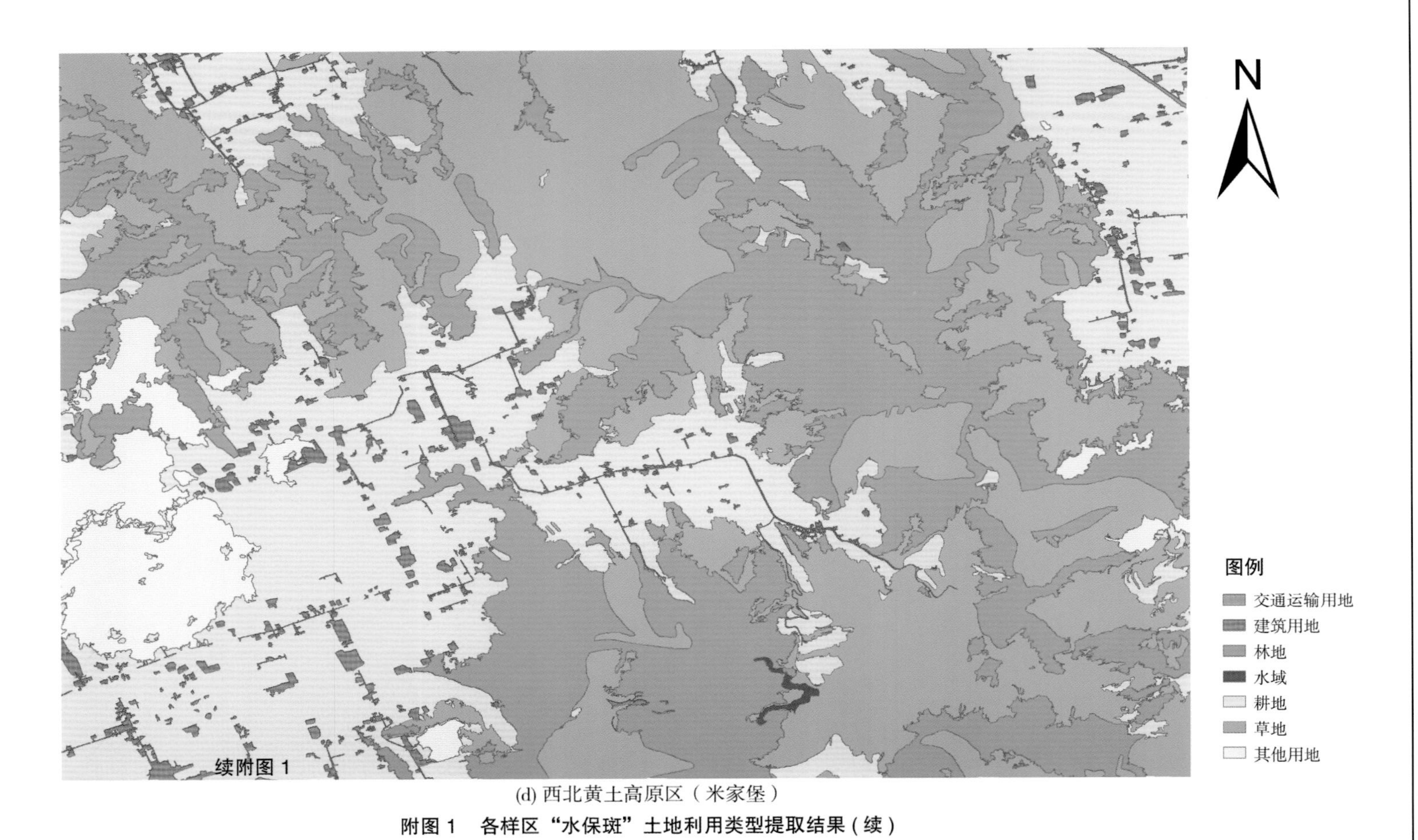

(d) 西北黄土高原区（米家堡）

附图1　各样区“水保斑”土地利用类型提取结果（续）

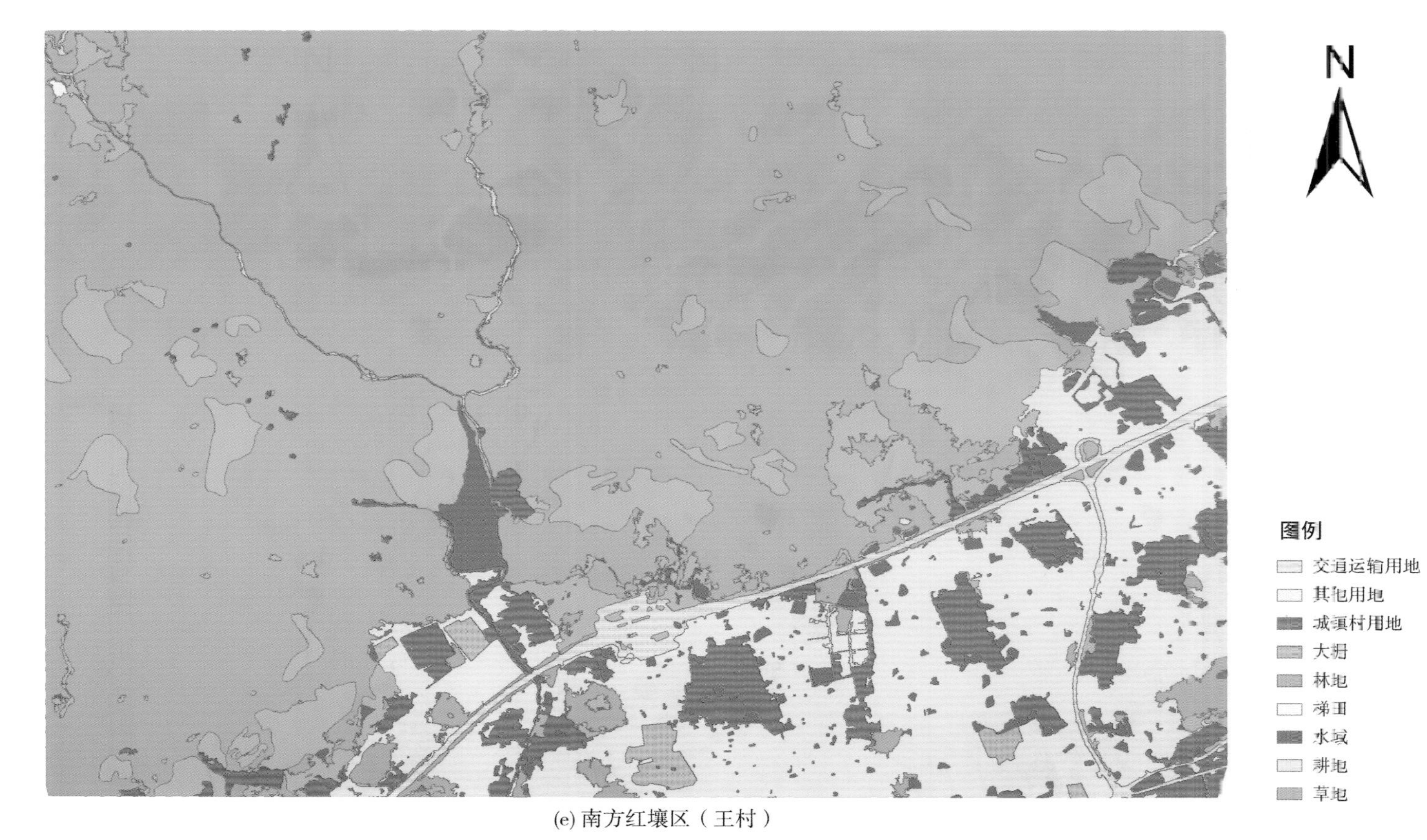

(e) 南方红壤区（王村）

附图 1 各样区"水保斑"土地利用类型提取结果（续）

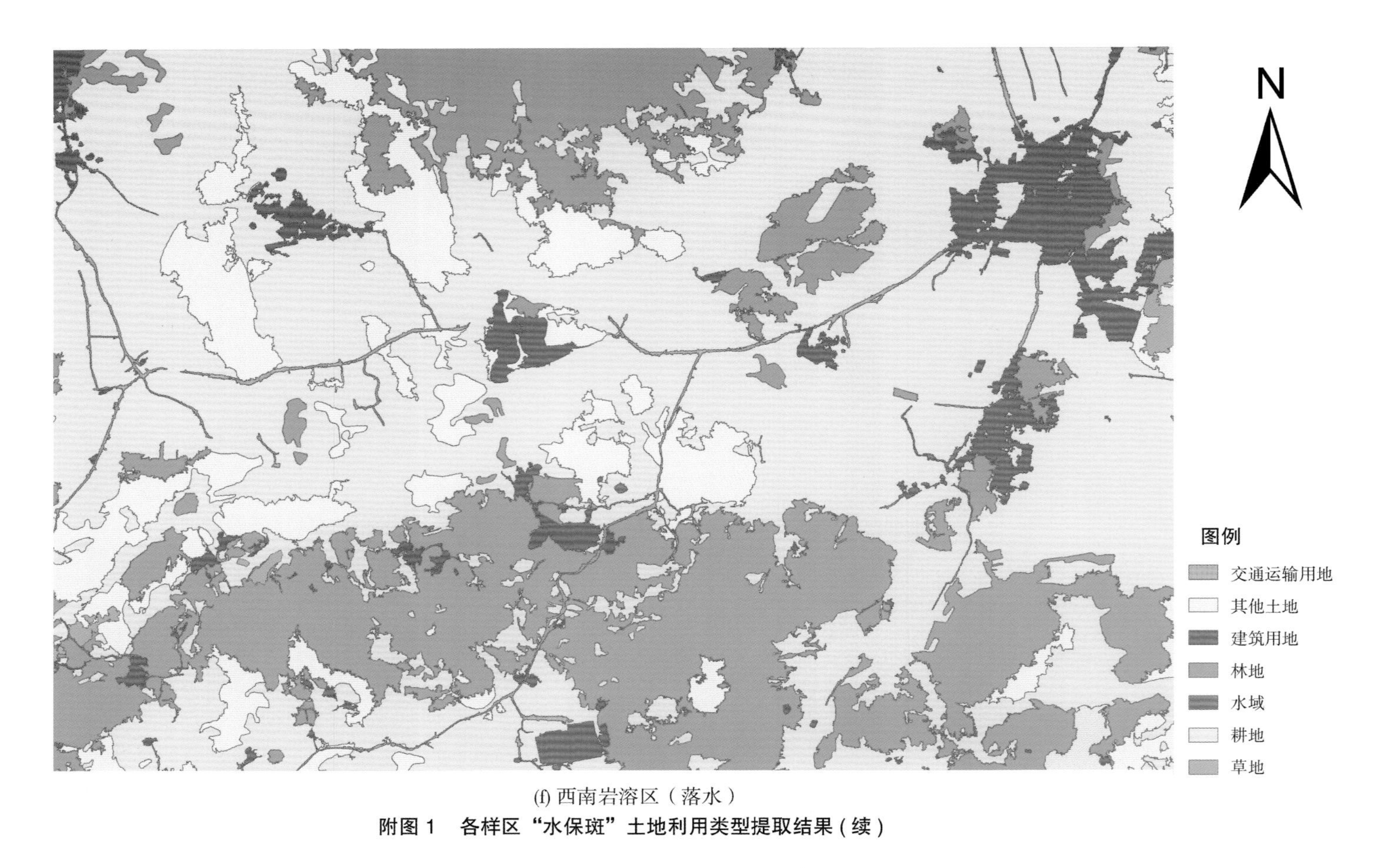

(f) 西南岩溶区（落水）

附图 1　各样区"水保斑"土地利用类型提取结果（续）

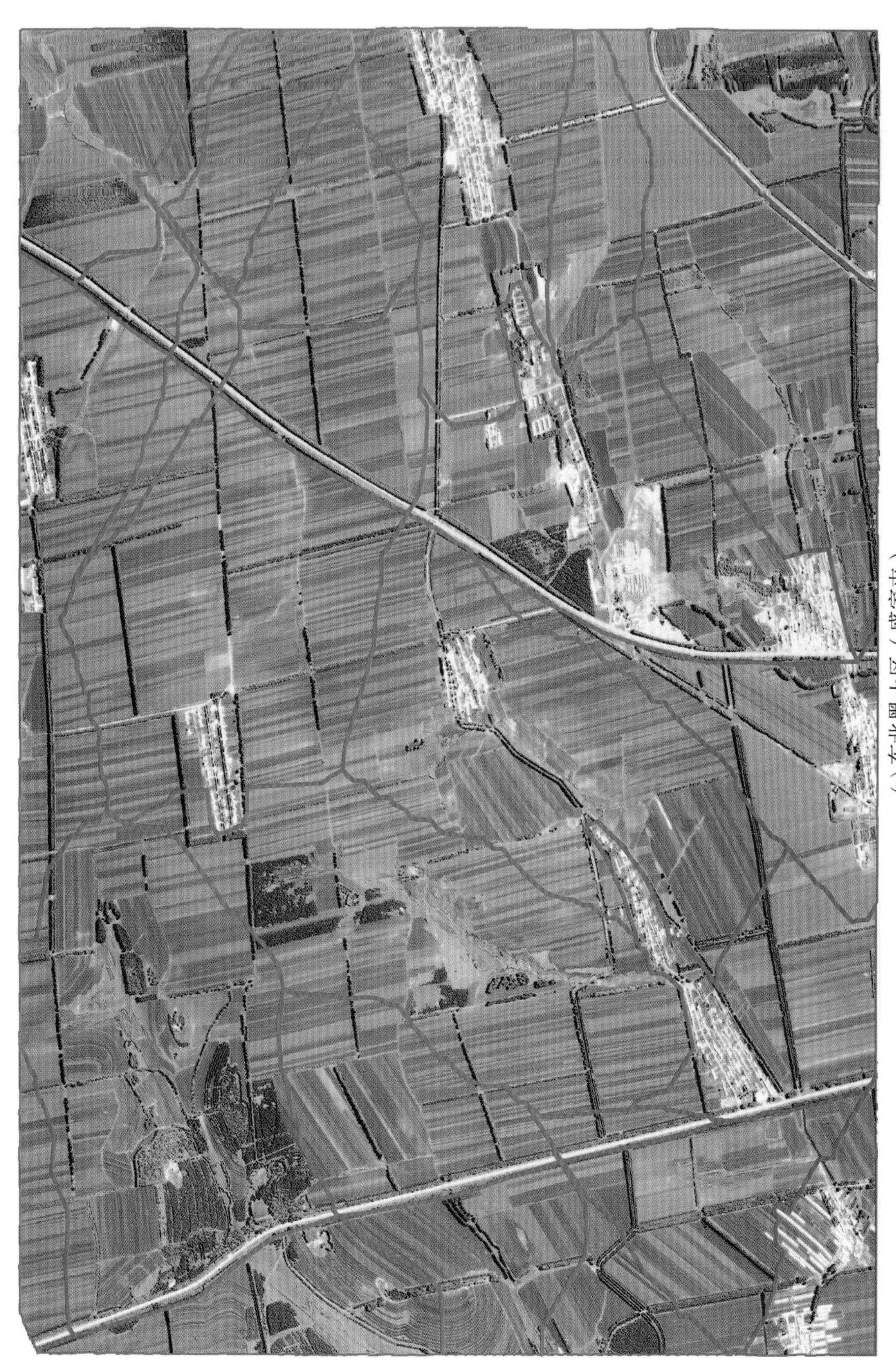

(a) 东北黑土区（盛家屯）

附图 2　各样区流域分水线提取结果

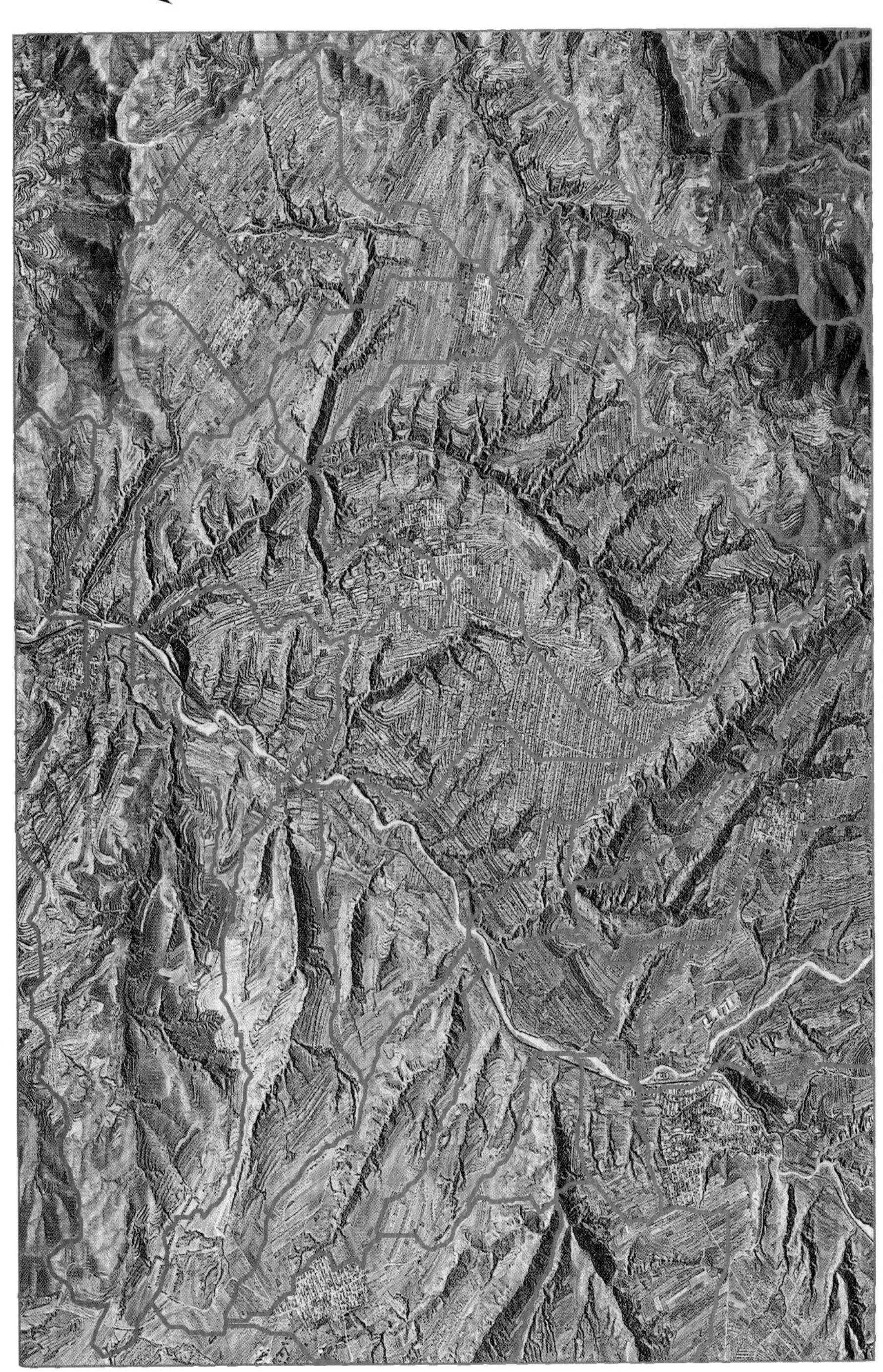

(b) 北方土石山区（孙庄子）

附图 2　各样区流域分水线提取结果（续）

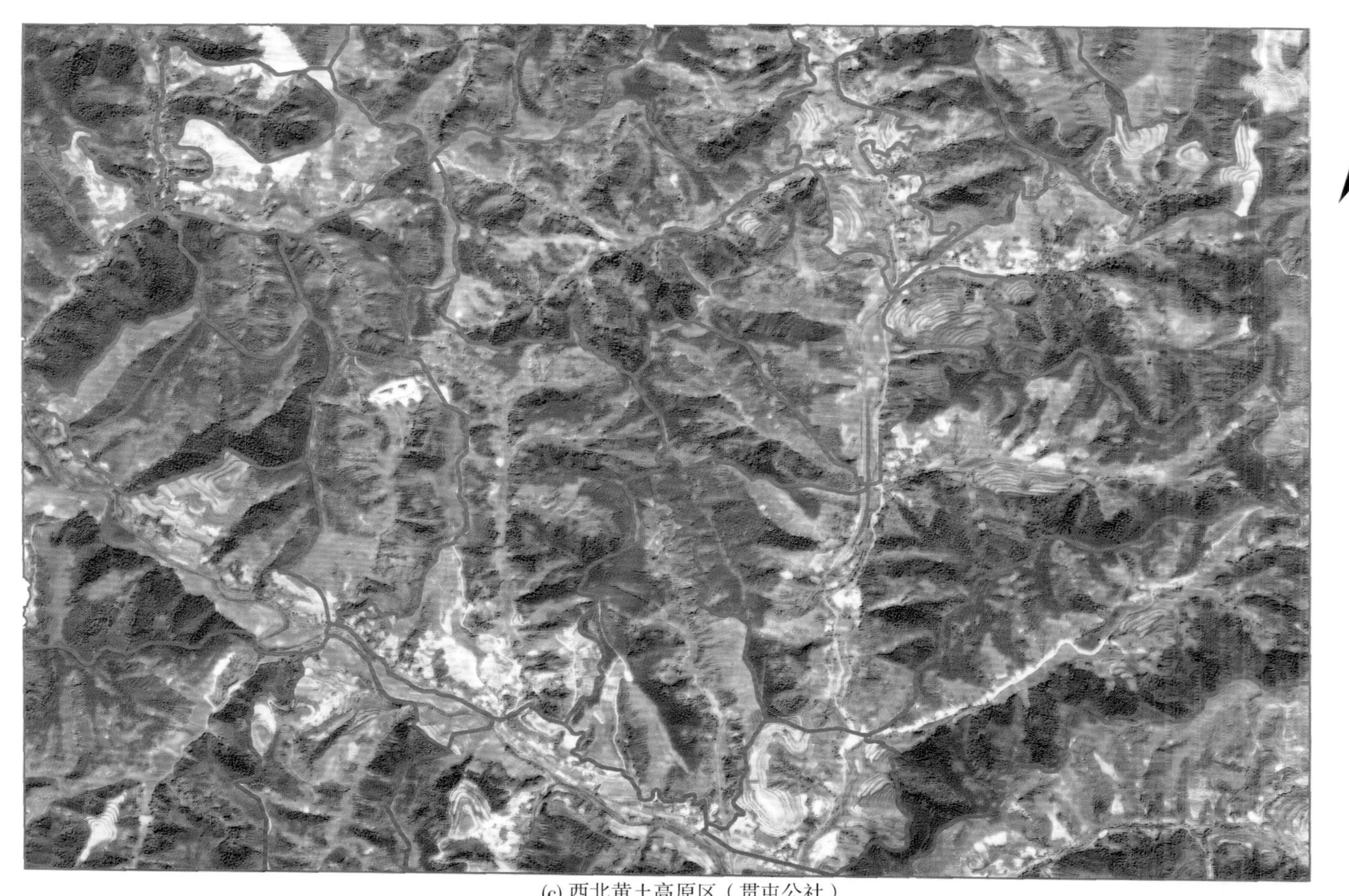

(c) 西北黄土高原区（贯屯公社）

附图 2　各样区流域分水线提取结果（续）

(d) 西北黄土高原区（米家堡）

附图 2　各样区流域分水线提取结果（续）

(e) 南方红壤区（王村）

附图 2　各样区流域分水线提取结果（续）

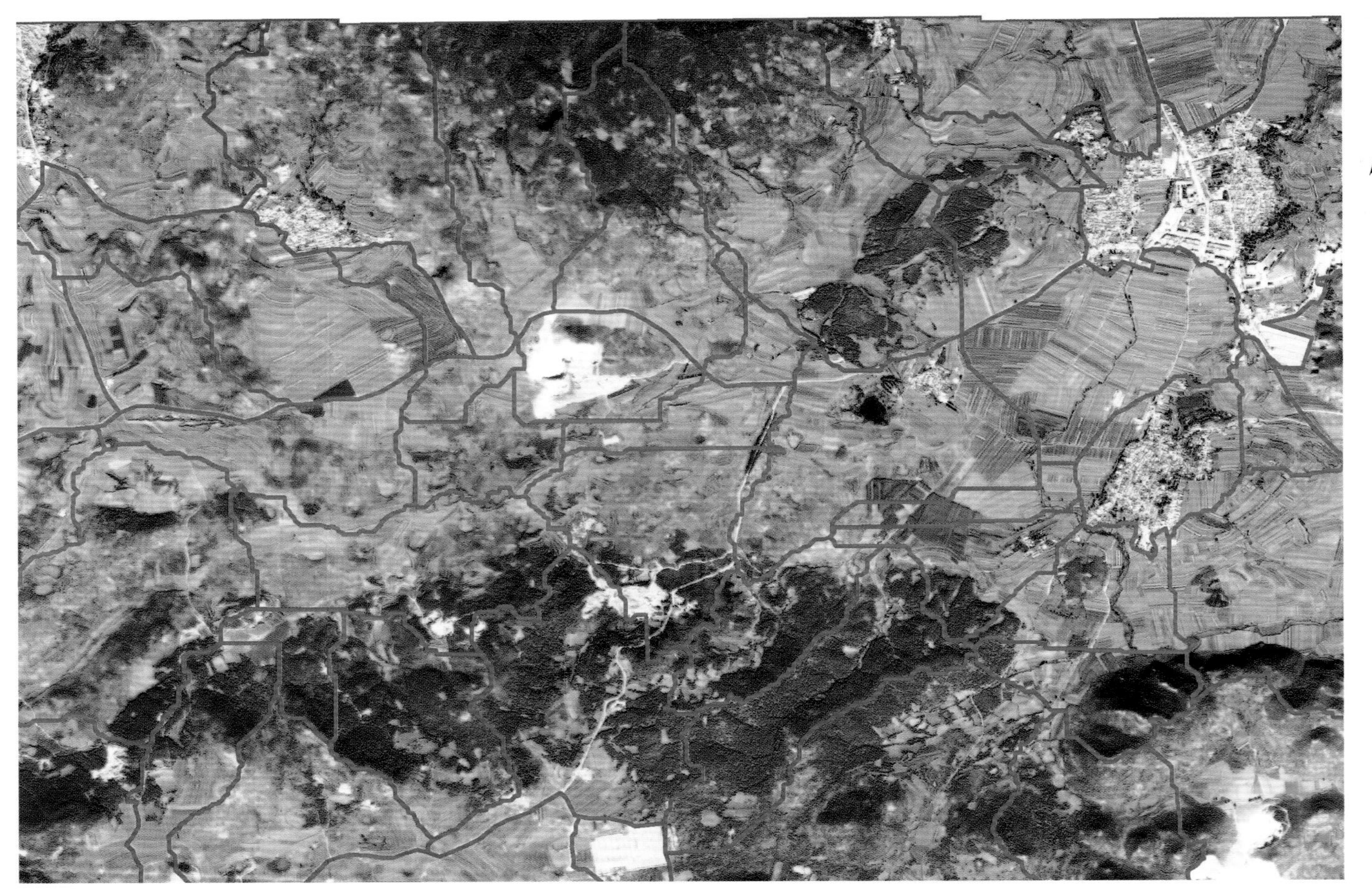

(f) 西南岩溶区（落水）

附图2　各样区流域分水线提取结果（续）

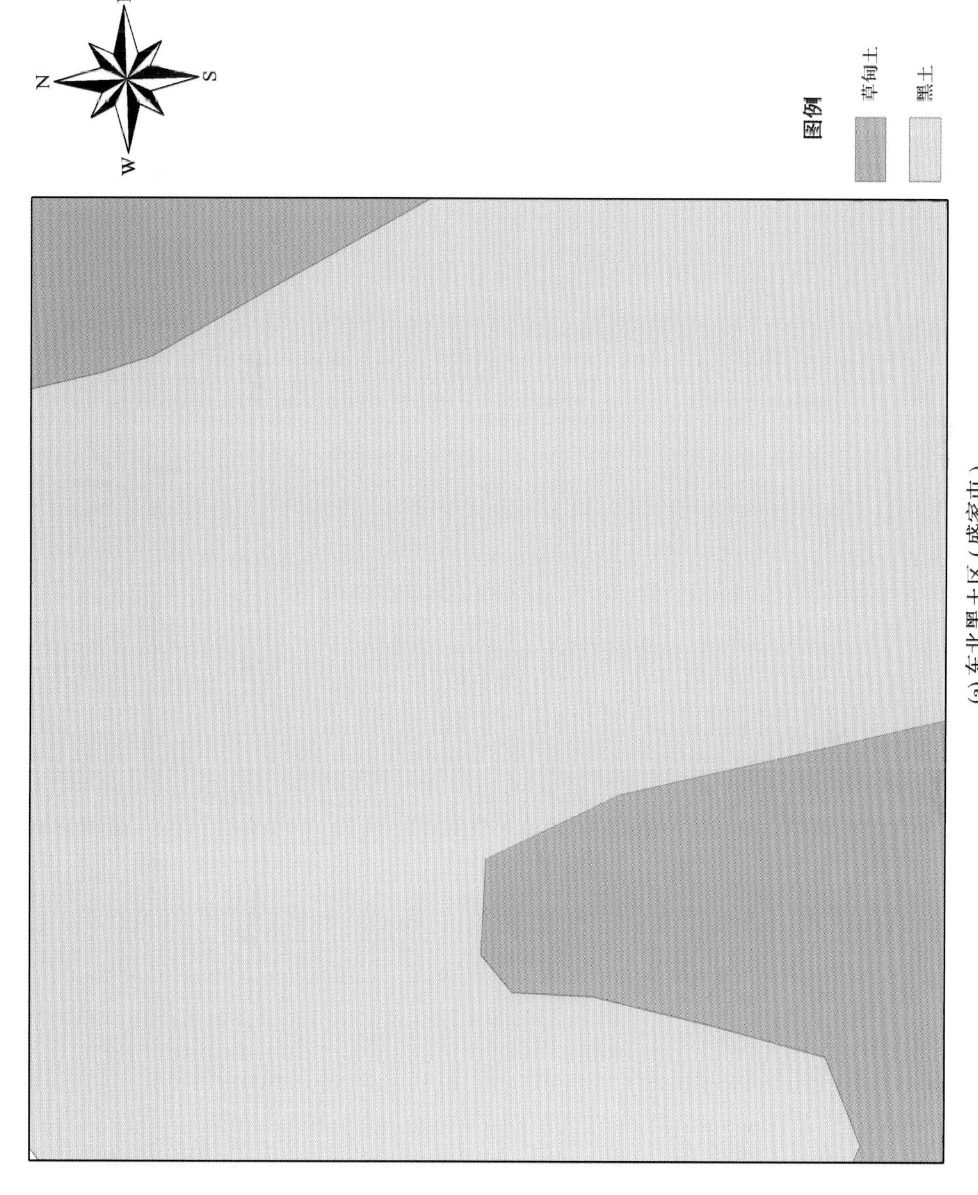

(a) 东北黑土区（盛家屯）

附图 3 各样区土壤类型

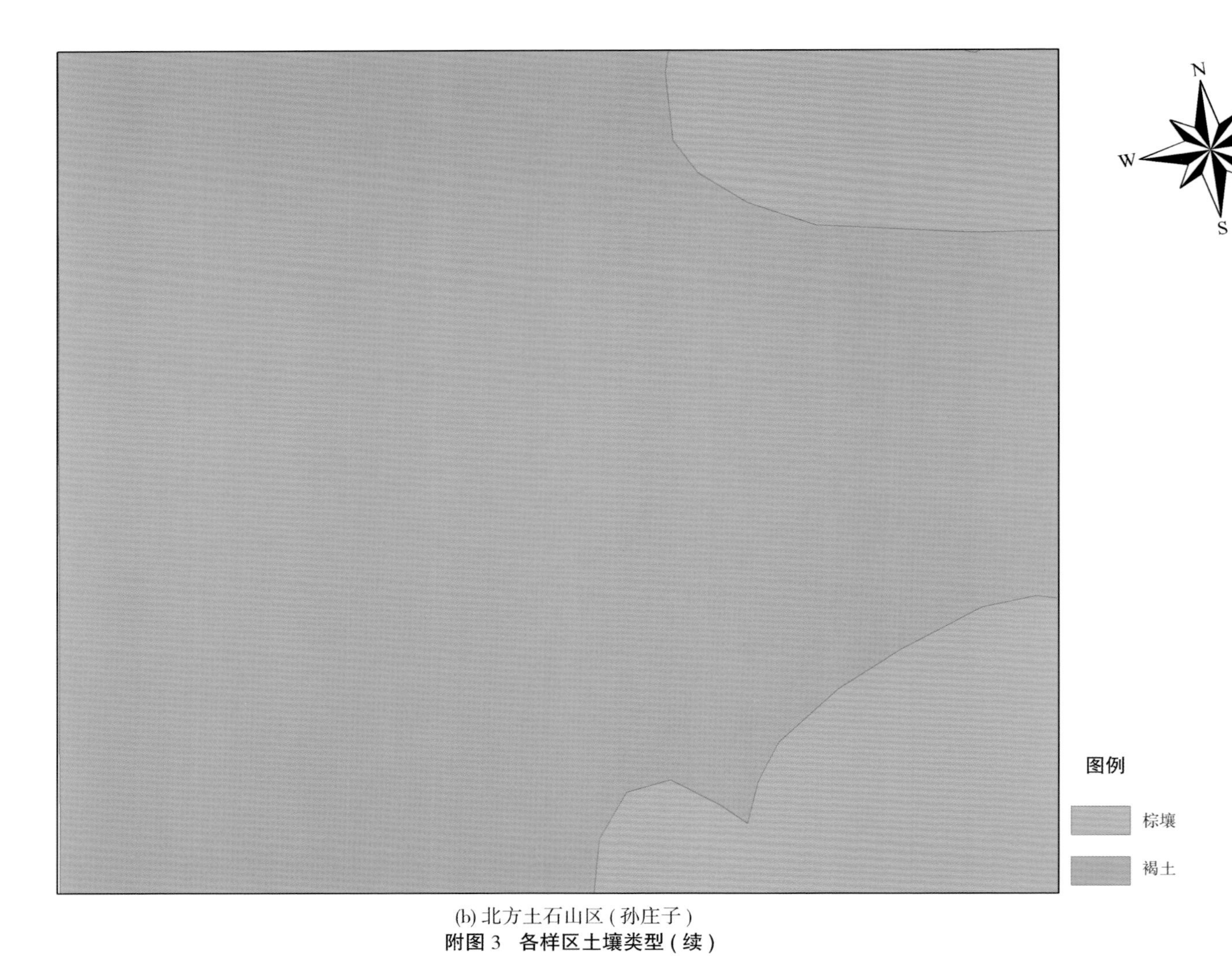

(b) 北方土石山区（孙庄子）

附图 3　各样区土壤类型（续）

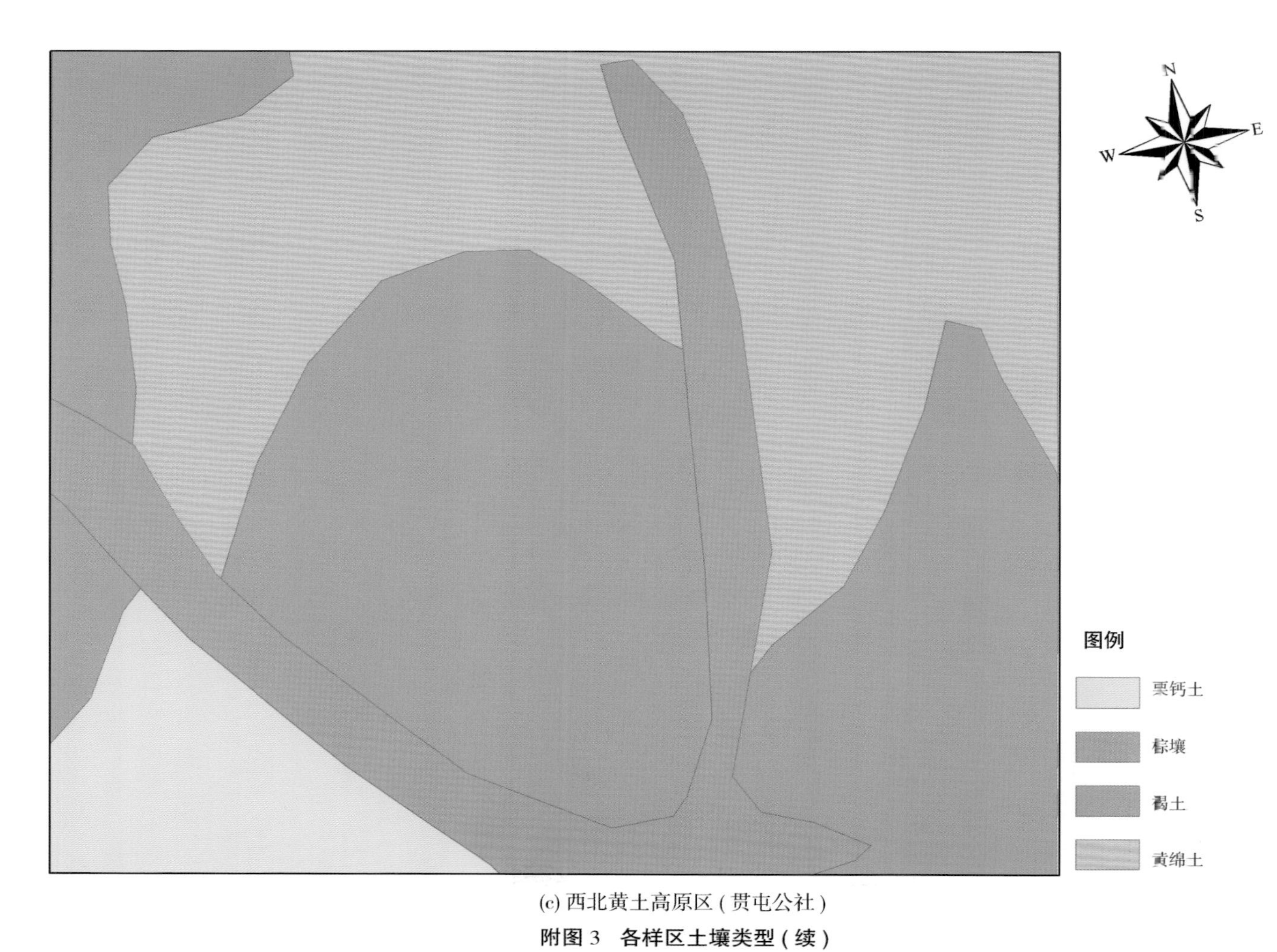

(c) 西北黄土高原区（贯屯公社）

附图 3　各样区土壤类型（续）

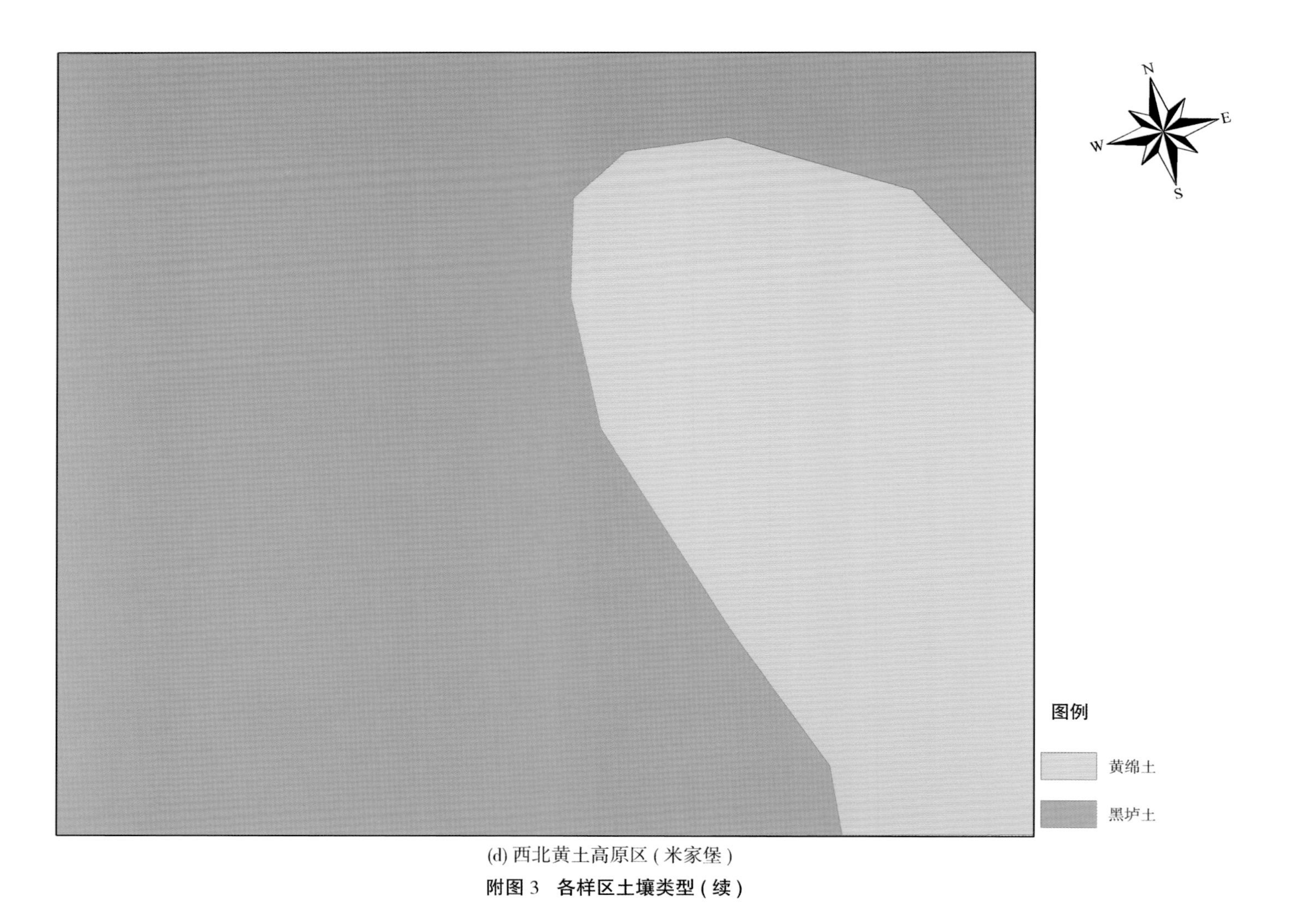

(d) 西北黄土高原区（米家堡）

附图 3 各样区土壤类型（续）

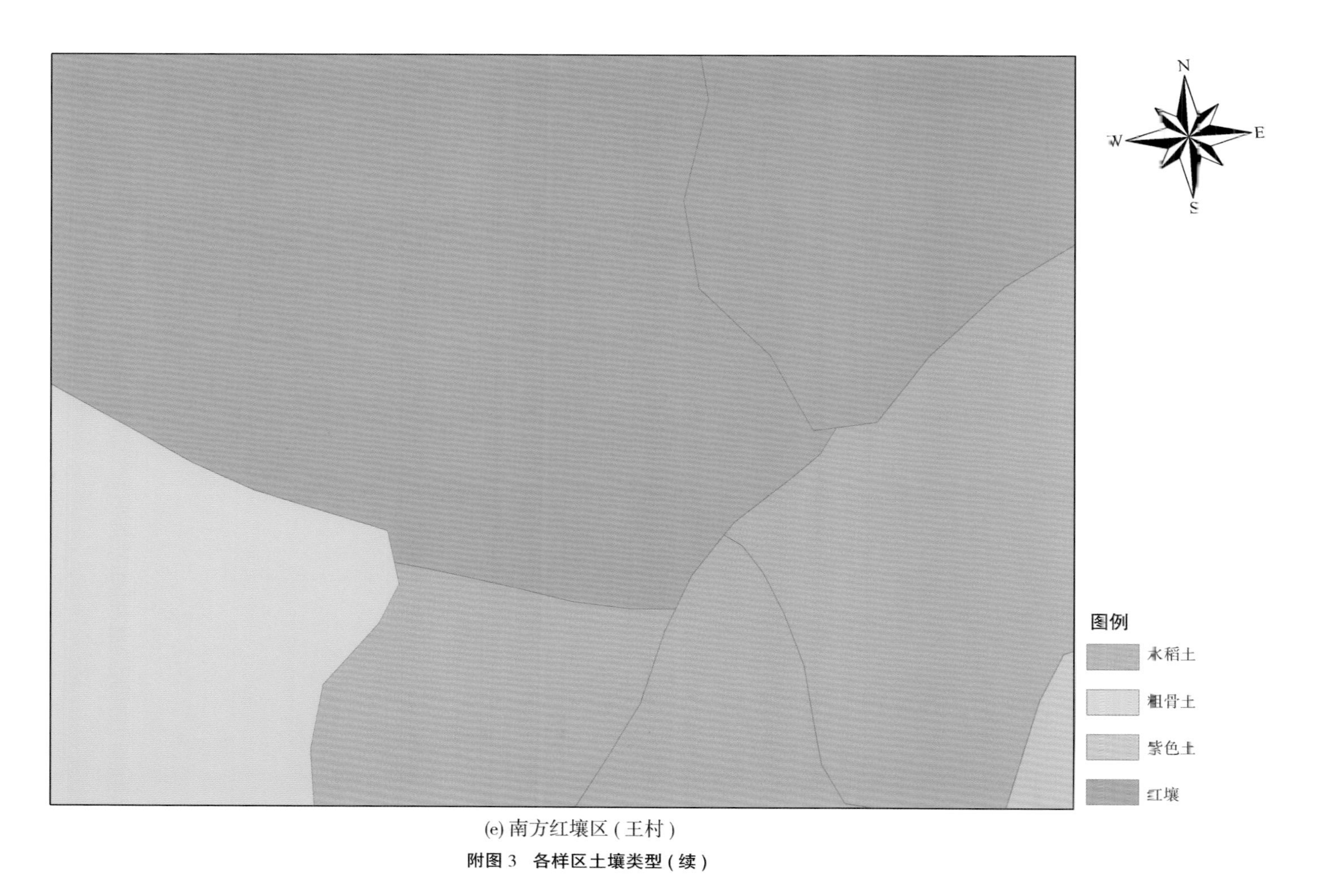

(e) 南方红壤区（王村）

附图 3 各样区土壤类型（续）

(f) 西南岩溶区（落水）

附图 3　各样区土壤类型（续）

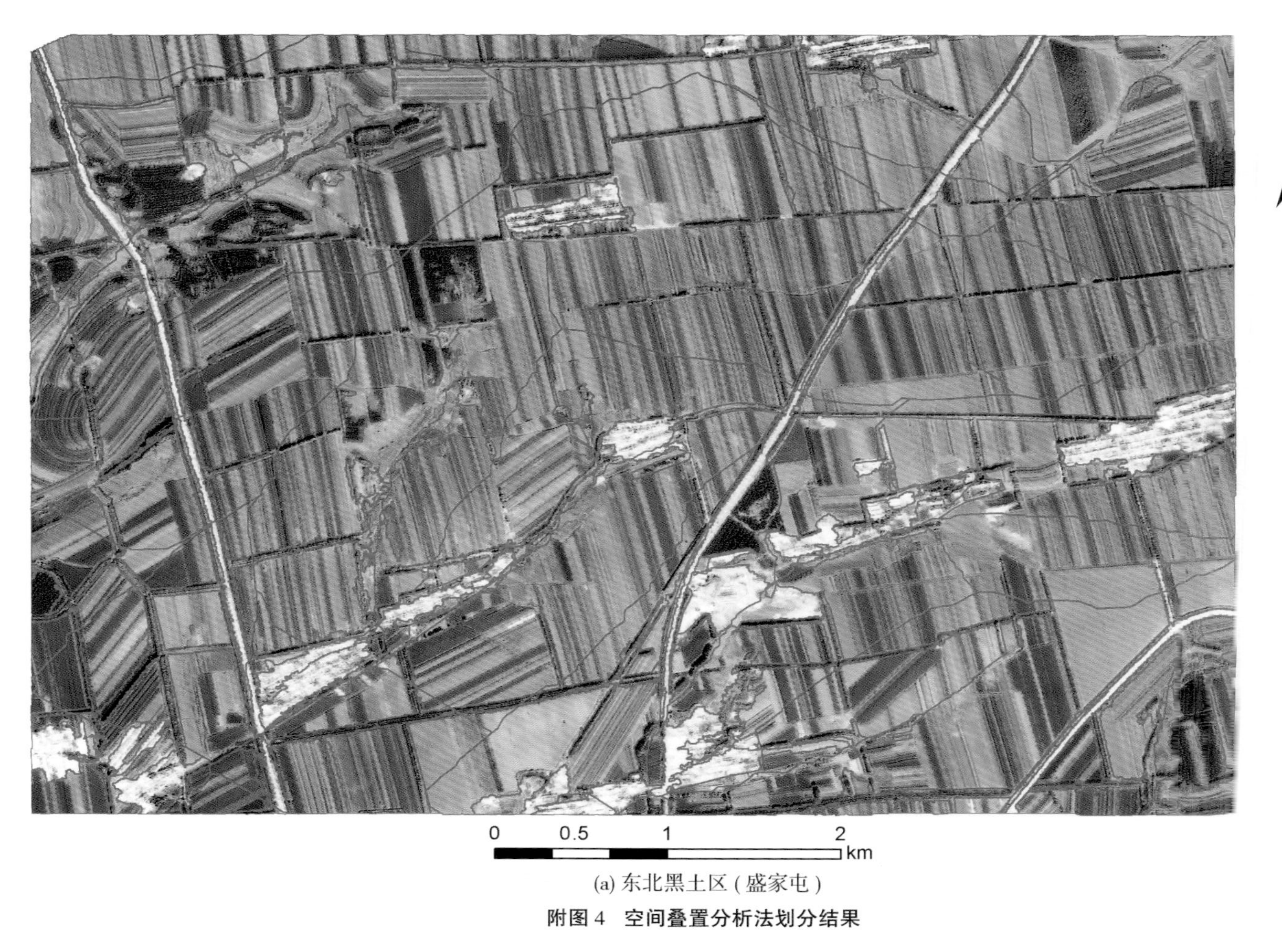

(a) 东北黑土区（盛家屯）

附图 4 空间叠置分析法划分结果

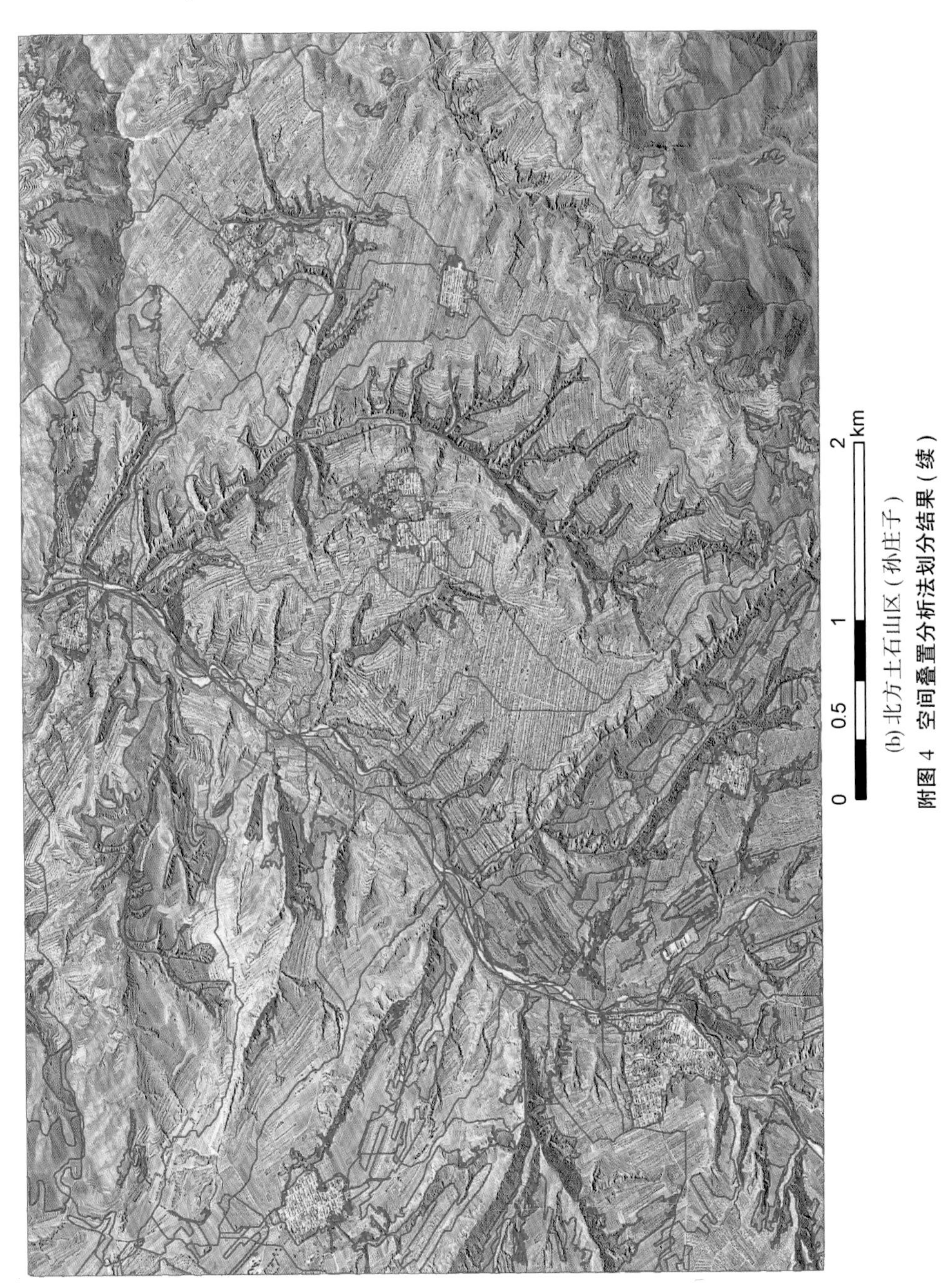

(b) 北方土石山区（孙庄子）

附图 4　空间叠置分析法划分结果（续）

(c) 西北黄土高原区（贯屯公社）

附图 4　空间叠置分析法划分结果（续）

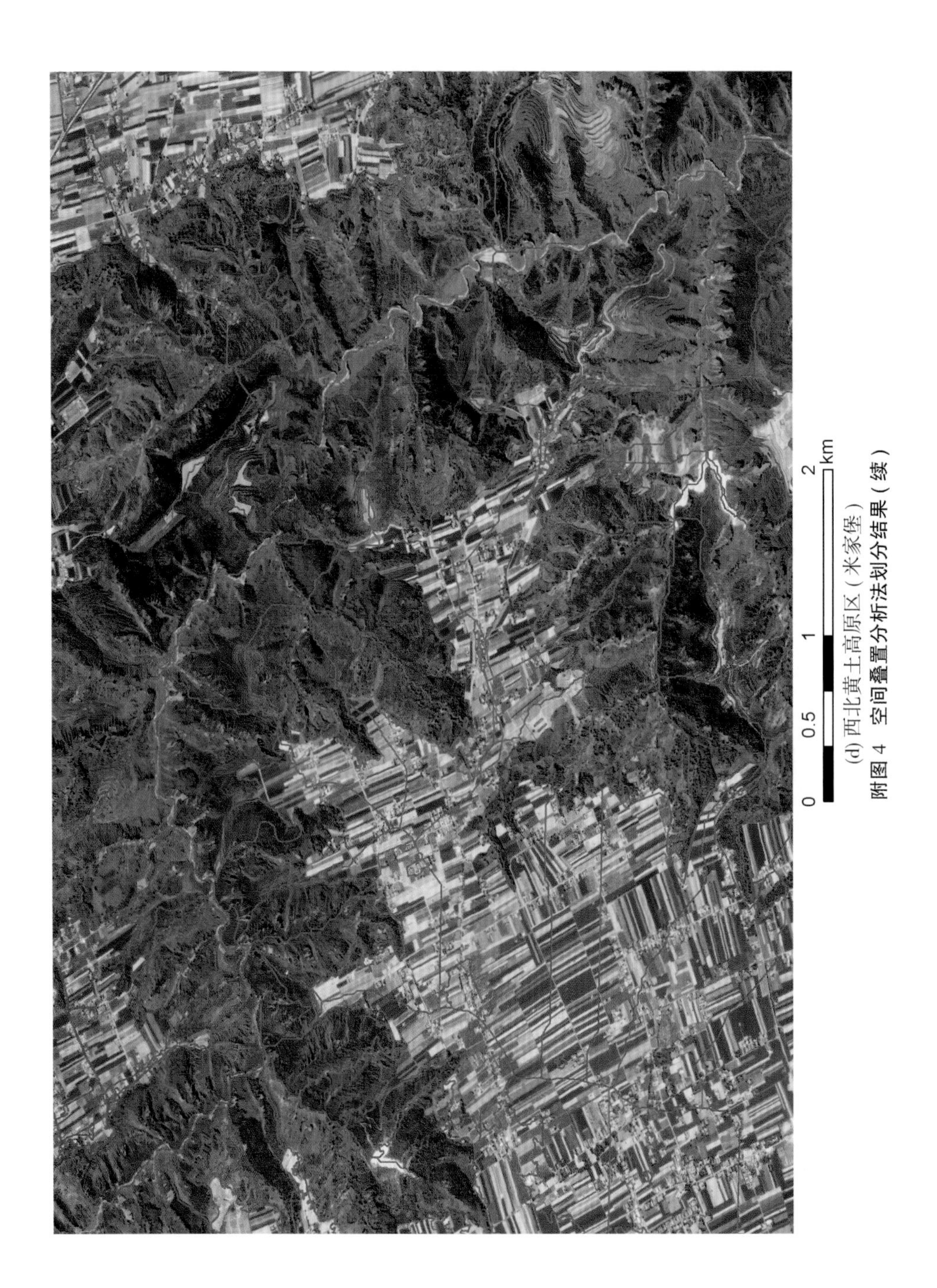

(d) 西北黄土高原区（米家堡）

附图4 空间叠置分析法划分结果（续）

(e) 南方红壤区（王村）

附图 4 空间叠置分析法划分结果（续）

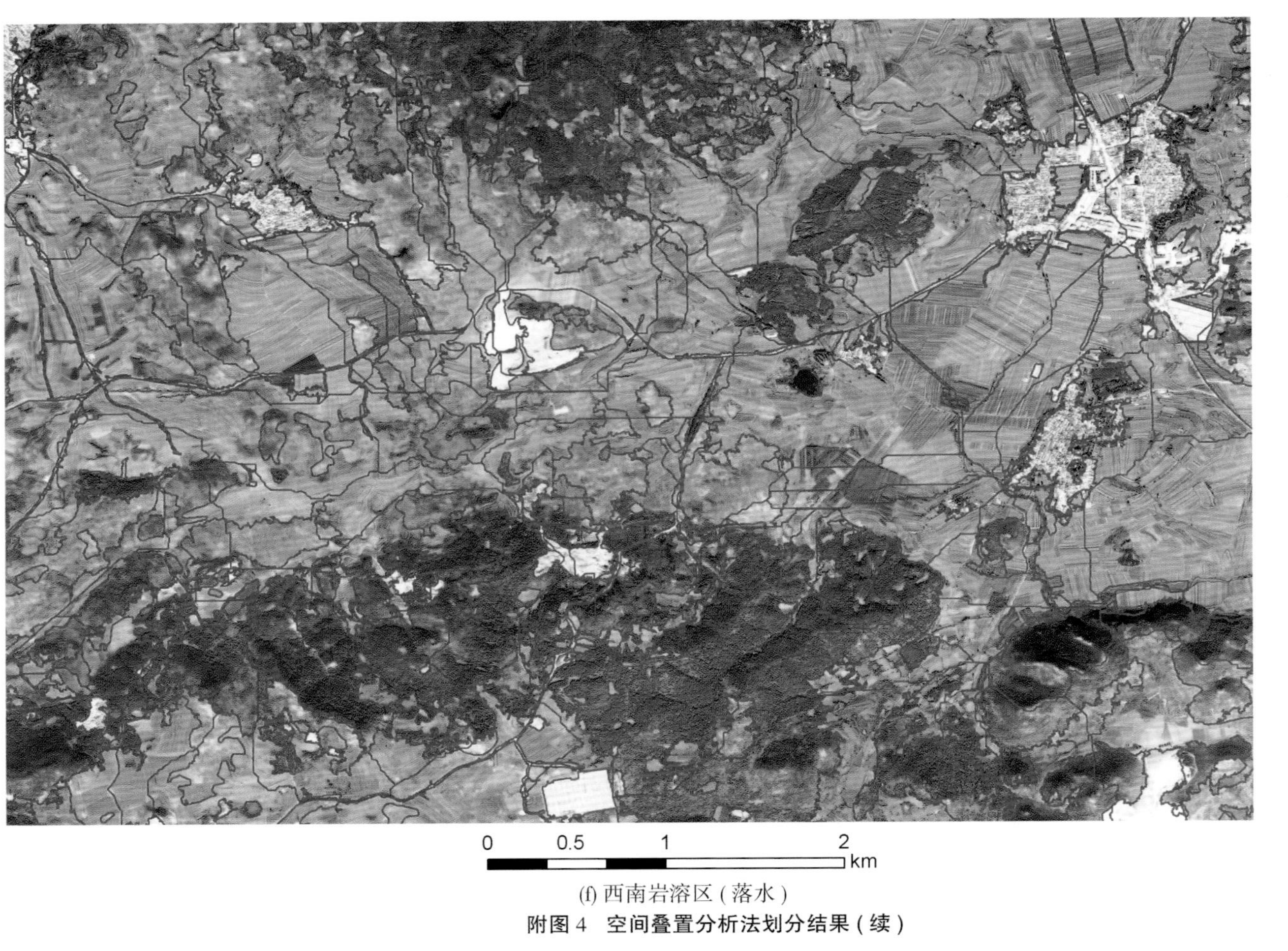

(f) 西南岩溶区（落水）

附图 4　空间叠置分析法划分结果（续）

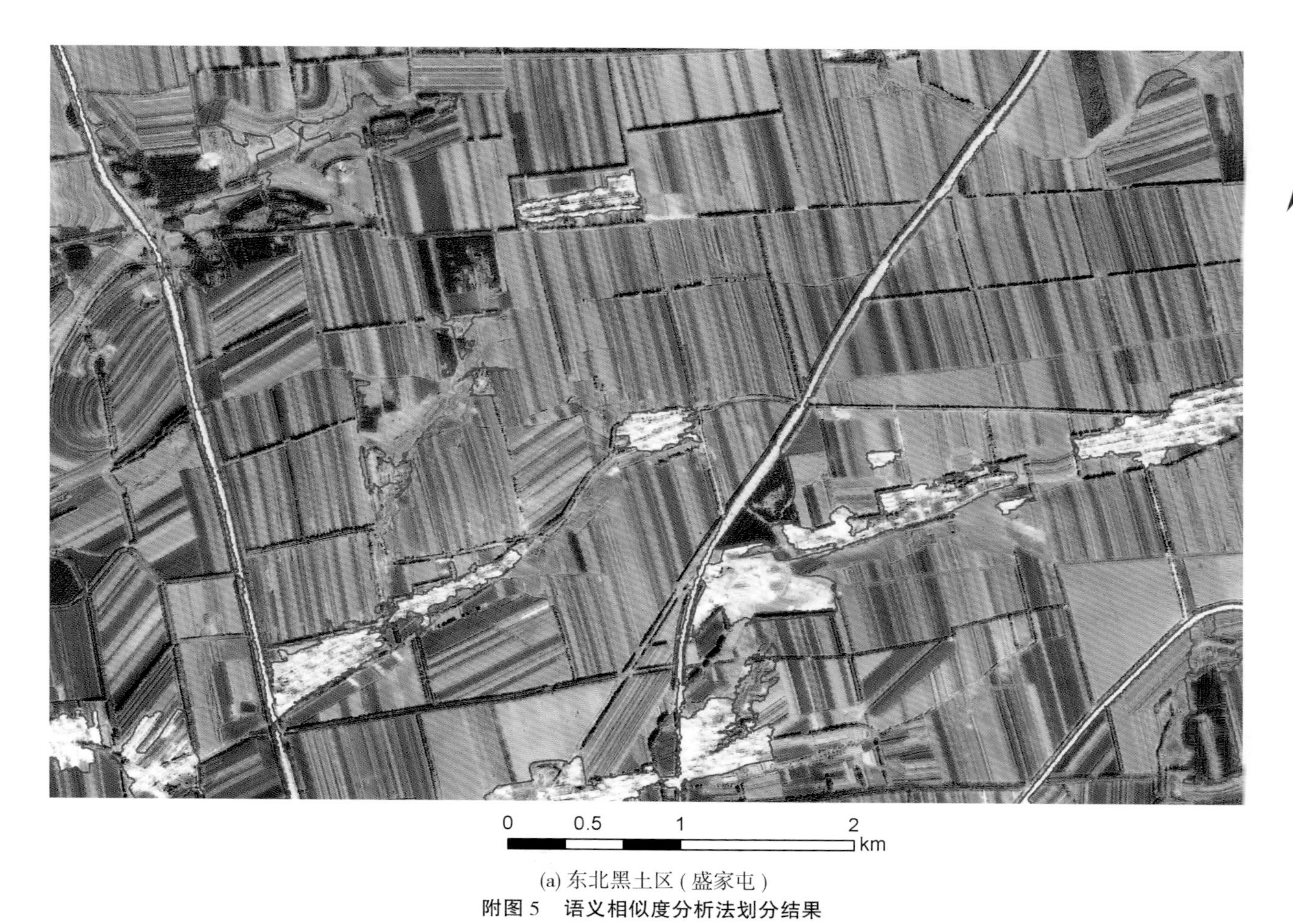

(a) 东北黑土区（盛家屯）

附图 5 语义相似度分析法划分结果

(b) 北方土石山区（孙庄子）

附图5 语义相似度分析法划分结果（续）

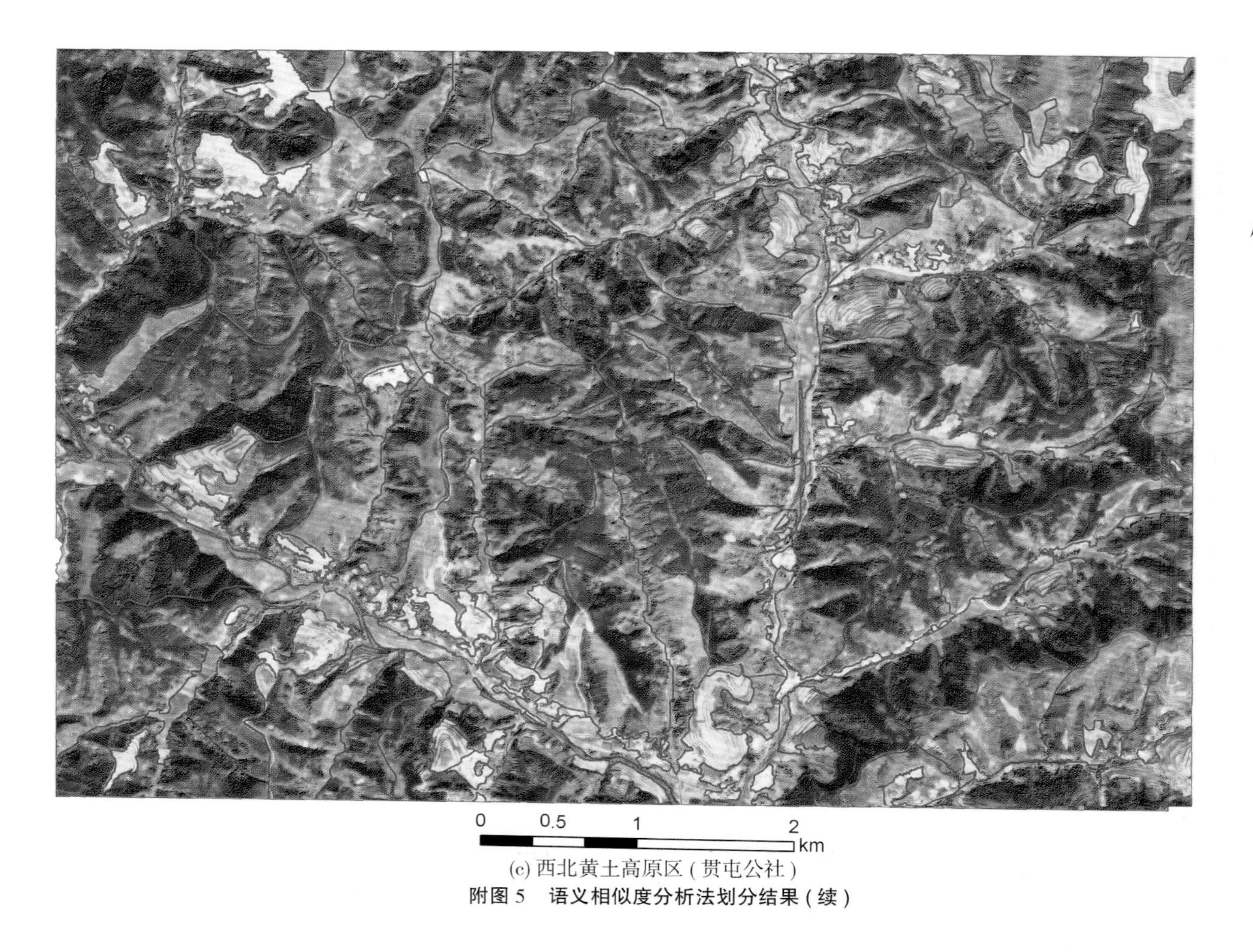

(c) 西北黄土高原区（贯屯公社）

附图 5 语义相似度分析法划分结果（续）

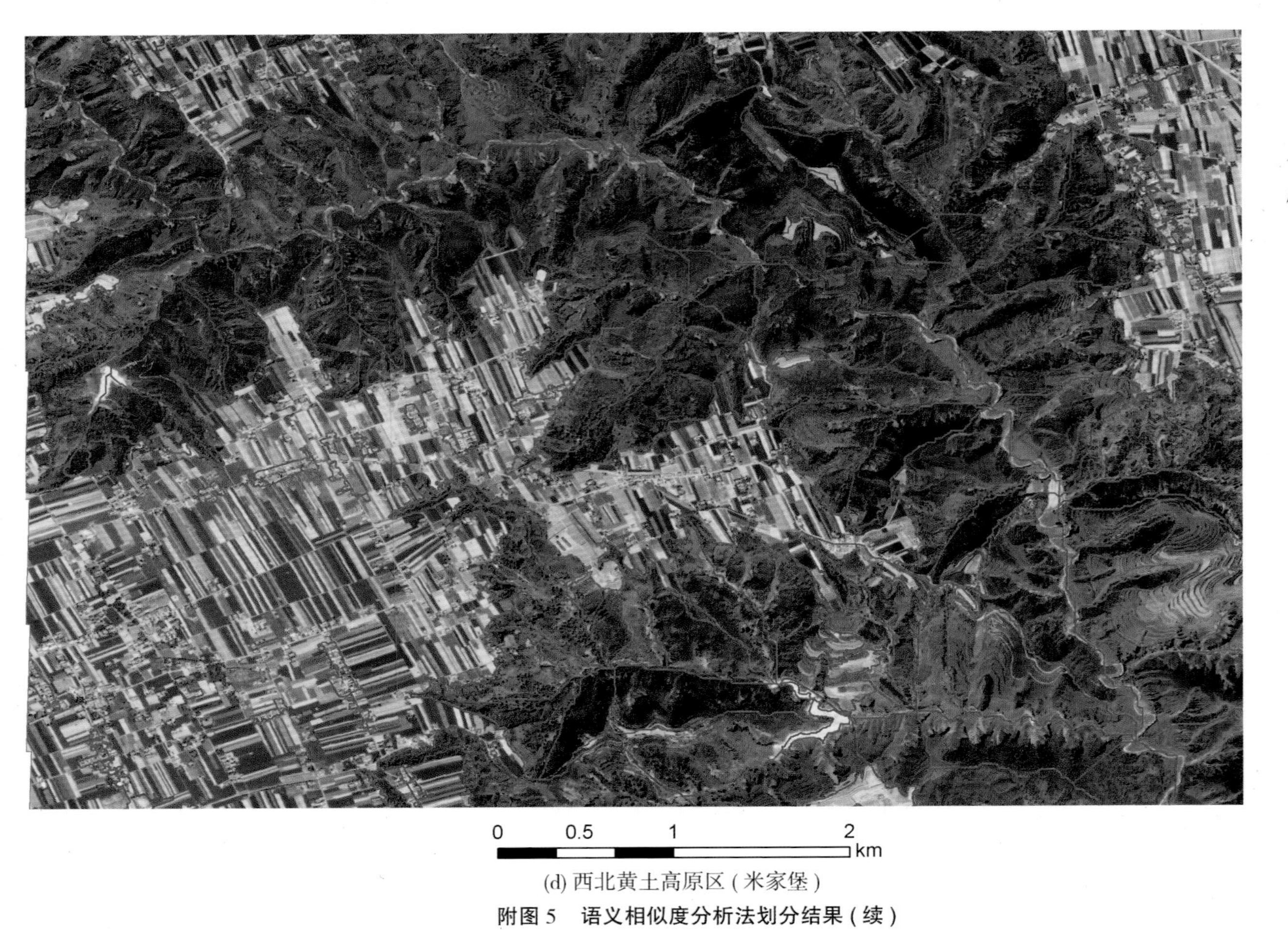

(d) 西北黄土高原区（米家堡）

附图 5 语义相似度分析法划分结果（续）

(e) 南方红壤区（王村）

附图 5 语义相似度分析法划分结果（续）

(f) 西南岩溶区（落水）

附图 5　语义相似度分析法划分结果（续）

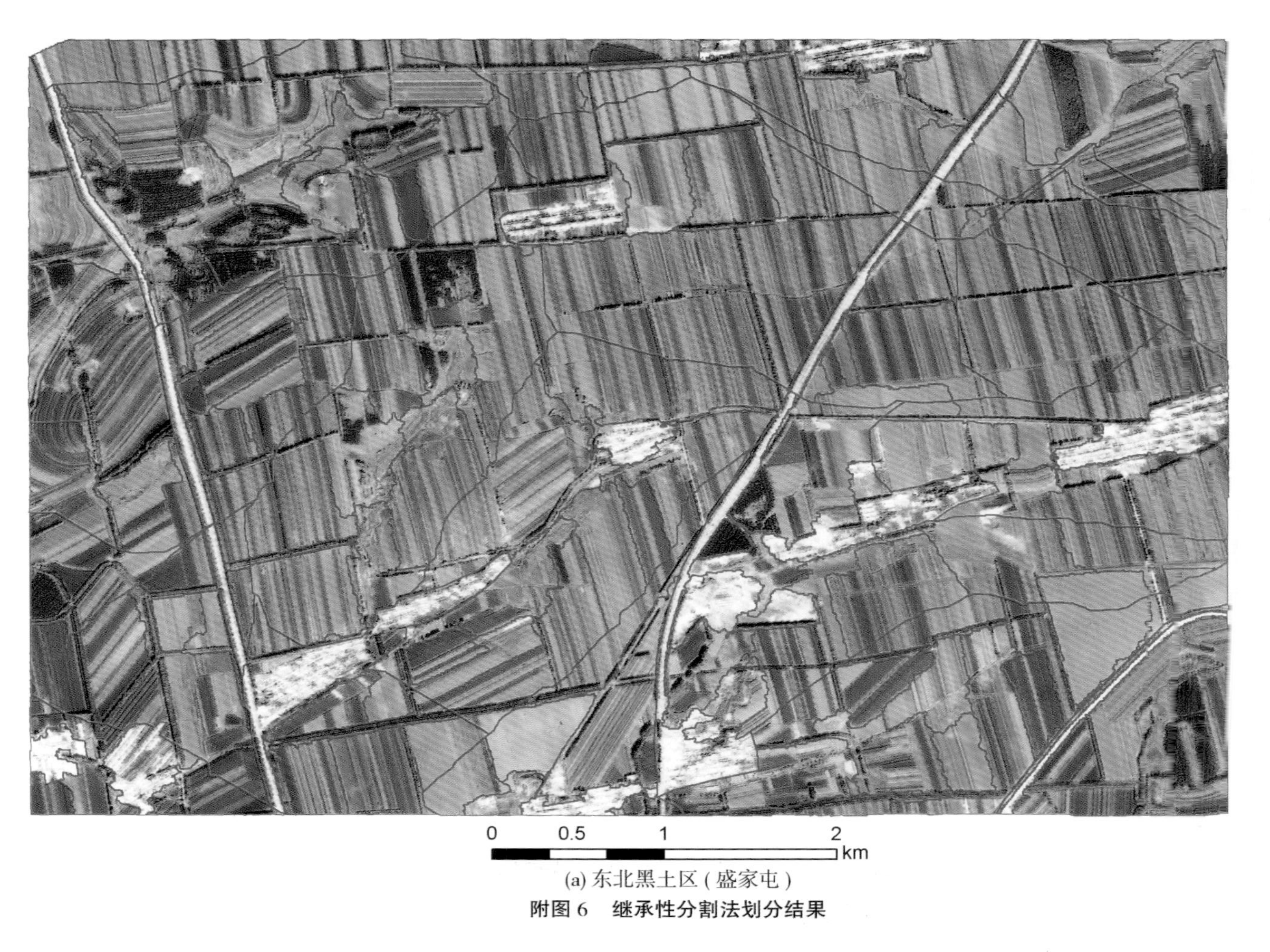

(a) 东北黑土区（盛家屯）

附图 6 继承性分割法划分结果

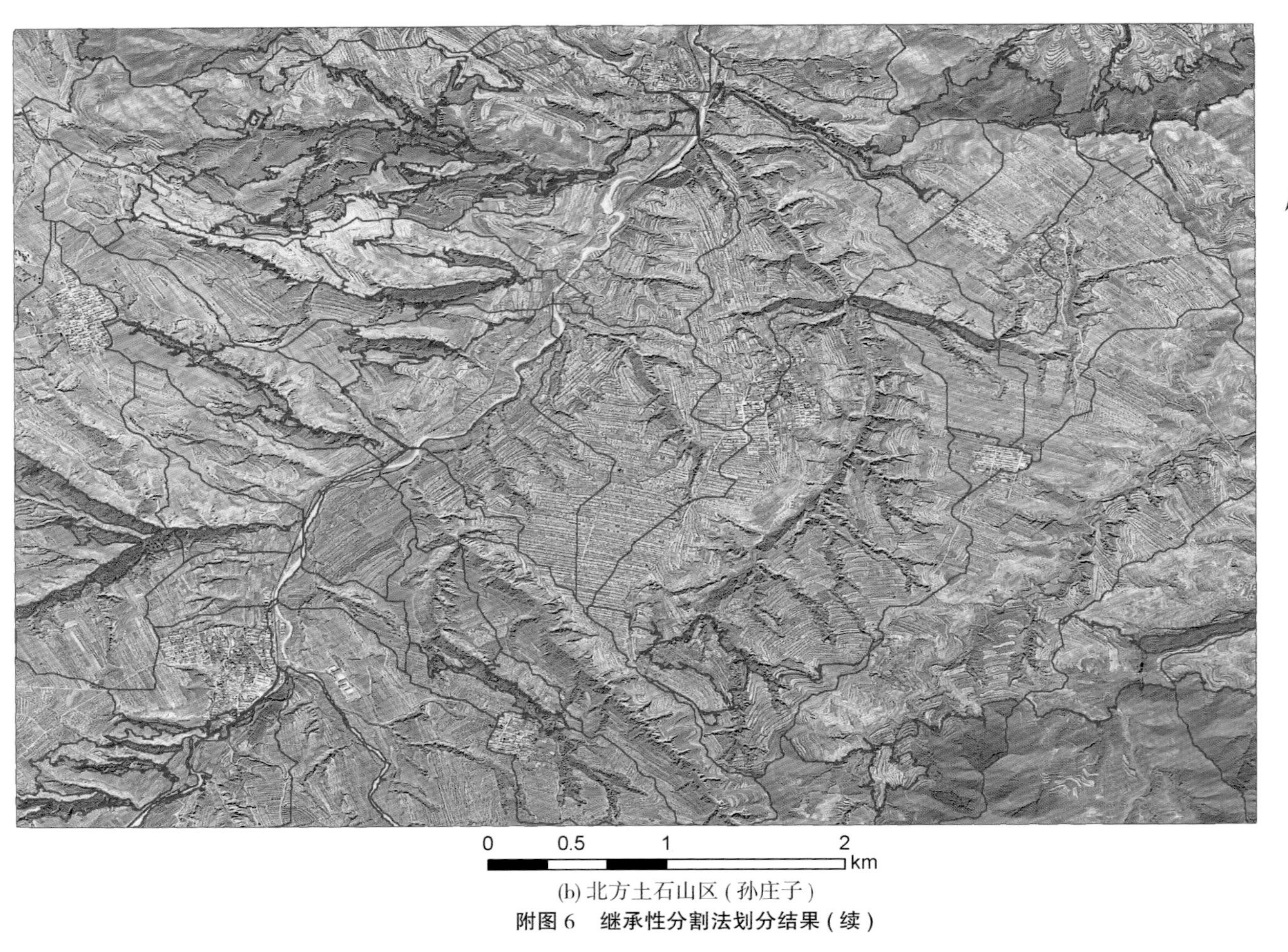

(b) 北方土石山区（孙庄子）

附图 6　继承性分割法划分结果（续）

(c) 西北黄土高原区（贯屯公社）

附图 6　继承性分割法划分结果（续）

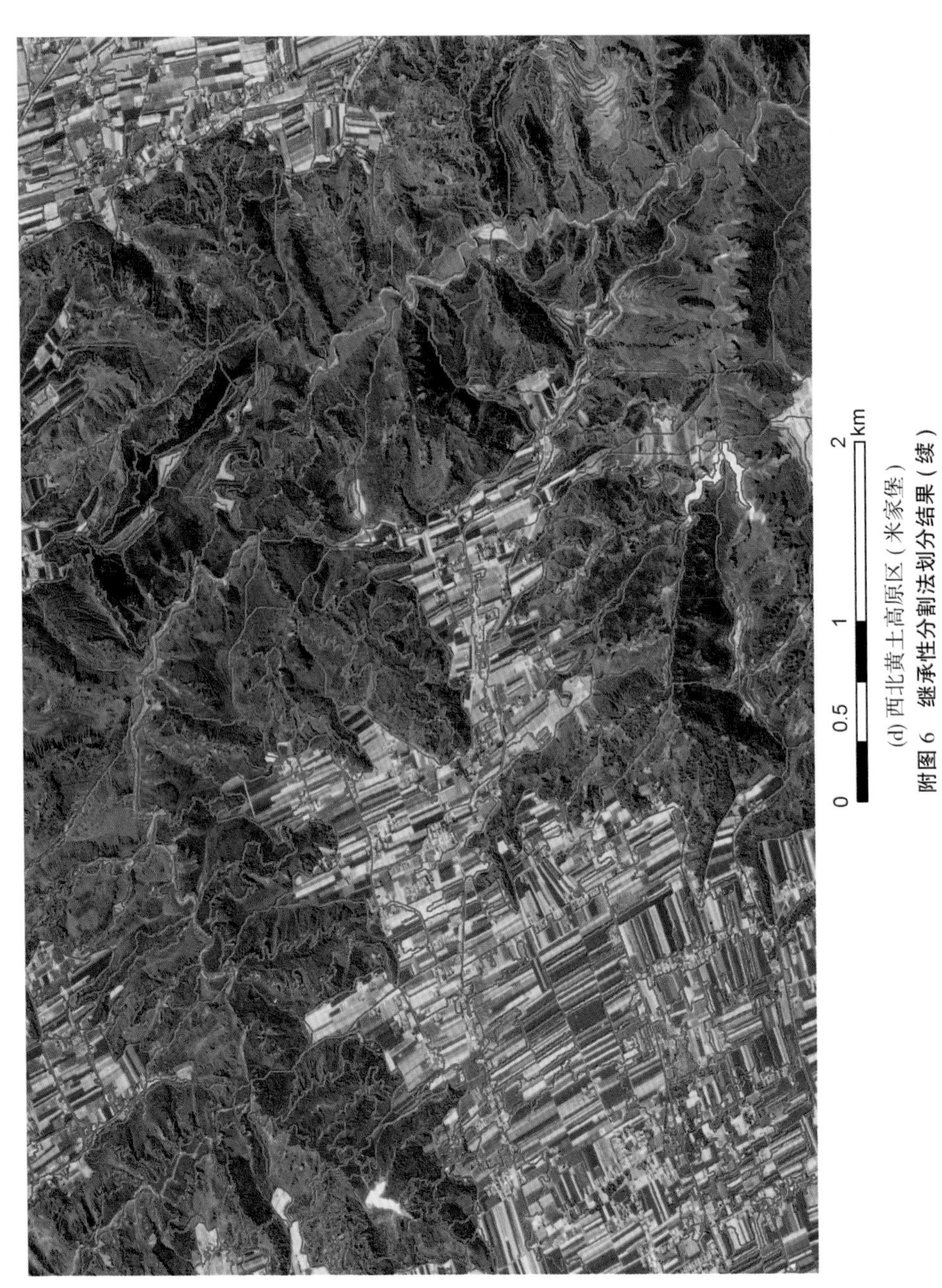

(d) 西北黄土高原区（米家堡）

附图 6　继承性分割法划分结果（续）

(e) 南方红壤区（王村）

附图 6　继承性分割法划分结果（续）

(f) 西南岩溶区（落水）

附图 6　继承性分割法划分结果（续）